Kangaroo   Knees to Chest   ands

KB248987

Cros   s & Stretc   h   All

Lift & Drop   Swing   Go Go Fly   Very Very

Cela   x   Balloon   Twister   Circle

Rolling   Chou-cho   Bridge   Head Down

Norimaki   Mini Cobra   Kick Hip   Arch   Shou

lba   er   Stand   Over the   Head

Seesaw   Dolphin   Mama Dog & Mini Cobra

S   uper Swing   Chou-cho   Turtle

Jump Busho   Tree   Super Swing

Kangaroo   Knees to Chest   Push My Hands

Cros s & Strete h Kiss You All

Lift & Drop   Swing   Go Go Fly   Very Very

Rela x   Balloon   Twister   Circle

Rol ling   Chou-cho   Bridge   Head Down

Norimaki   Mini Cobra   Kick Hip   Arch Sho

ld er   Stand   Over the Head

Seesaw   Dolphin   Mama Dog & Mini Cobra

S uper Swing   Chou-cho   Turtle

Jump Busho   Tree   Super Swing

용기를 내어 당신이 생각하는 대로 살아야 합니다.
그렇지 않으면 머지않아 당신은 사는 대로 생각하게 될 것입니다.
– 폴 부르제(프랑스의 시인, 철학자)

Il faut vivre comme on pense,
sans quoi l'on finira par penser comme on a vécu.
– Paul Bourget

터닝포인트는 삶에 긍정적 변화를 일으키는 좋은 책을 만들기 위해 최선을 다합니다.

아기랑 엄마랑 사랑으로 함께하는

행복한
베이비 요가 DIY

사쿠라이 유코 지음 | 김하경 옮김

머리말

갓 태어난 아기와 처음 만나는 순간, 자신도 모르게 아기에게 손을 뻗어 꼭 안게 된다. 무척이나 가슴 벅찬 순간이었을 것이다. 하지만 막상 아기를 키우다 보면 언제 그랬던가 싶게 지칠 때가 많다. 베이비 요가는 매일 반복되는 육아에 지쳐 자칫 잊기 쉬운 '엄마와 아기의 소중한 시간'을 되살려 준다. 만지고, 쓰다듬고, 주무르고, 신체를 움직이는 활동은 온몸의 기관을 자극하여 아기의 성장을 촉진한다. 요가에서 가장 중요한 부분은 호흡이다. 호흡을 잘하는 것만으로도 사고 능력을 자극하고, 소화기 계통과 뇌신경 계통의 발달을 촉진하여 몸과 마음을 건강하게 해준다. 어릴 때부터 요가를 지속하면 자연스럽게 좋은 호흡법을 익히게 되어, 유아기 이후에도 자신의 몸과 마음을 조절할 수 있게 된다. 베이비 요가는 반드시 이렇게 해야 한다거나, 동작의 숙련도 같은 것은 전혀 신경 쓰지 않아도 된다. 무엇보다 아기에 대한 애정을 피부로, 그리고 목소리로 전하면서 아기와 즐거운 시간을 공유하는 것이 중요하다. 부드러운 스킨십을 통해 엄마와 아기의 유대감이 더욱 깊어질수록 아기는 심리적으로 안정된다. 아기와 엄마 모두를 행복하게 만드는 베이비 요가를 오늘부터 시작해 보자.

엄마와 아기를
행복하게 만드는
베이비 요가

베이비 요가의 **5**가지 장점

1

엄마와 아기의 유대감이 깊어진다

엄마와 아기가 신체적인 접촉을 통해 서로 애정을
느끼게 되어 유대감이 깊어진다.

2

커뮤니케이션 능력이 향상된다

요가 동작을 아기에게 말해 주면서 진행하기 때문에
아기는 말을 이해하고 몸으로 표현할 수 있게 된다.
자연히 엄마와 아기의 커뮤니케이션 능력이 눈에 띄게 향상된다.
더불어 이 과정을 통해 엄마는 육아에 자신감을 갖게 된다.

3

아기의 몸이 건강해진다

아기의 면역력과 자연 치유력을 높일 수 있고,
아기의 장을 편안하게 해준다.

4

심신의 발달과 능력 개발에 도움이 된다

기분 좋은 운동은 아기의 성장 발달을 돕고, 뇌를 적당히 자극하여
뇌신경 발달을 촉진한다.

5

아기와 엄마의 긴장감을 풀어 준다

일상의 긴장을 풀고, 몸과 마음을 안정시킴으로써
엄마와 아기 모두 평온한 상태로 만든다.
또 아기가 숙면을 취하게 되어 몸이 건강해진다.

C O N T E N T S

C O N T E N T S

베이비 요가를 시작하기 앞서 몇 가지 중요한 사항을 살펴보자. 먼저 이 책에서 제시한 대로 무조건 따라 해야 하는지 의문이 들 수도 있다. 조금도 그렇지 않으니 안심하자. 엄마의 몸 상태와 아기의 발달 정도를 고려하면서 엄마와 아기가 기분 좋게 즐기면 된다.

이제 요가를 시작해 볼까요? Q&A

Q

베이비 요가를 할 때 특별히 주의해야 할 점은 무엇인가요?

A

자세를 취하기 전 이제부터 어떤 자세를 할 것인지 해당 자세의 이름을 반드시 아기에게 말해 줍니다. 요가 동작을 하는 도중에도 엄마가 무엇을 하는지 소리를 내어 아기에게 말해 주세요. 아무 말 없이 손과 발을 움직이는 것이 아니라 항상 아기와 이야기를 나누면서 동작을 한다는 점을 기억하세요.

Q

반드시 책에 나온 대로 따라 해야 하나요?

A

아기의 발달 과정을 주의 깊게 관찰하면서 아기의 성장에 맞추어 무리가 없는 자세부터 시작하세요. 완성된 자세나 자세를 실시하는 횟수 등은 아기의 기분과 상태에 맞추어 조절하면 됩니다.

Q

아기가 싫어할 때는 어떻게 하나요?

A

아기가 요가 동작을 싫어하면 중단하고 다른 놀이를 하세요. 그러다가 다른 놀이를 하는 도중에 다시 한번 동작을 시도해 보세요. 아기가 조금이라도 관심을 보이며 따라 하면 아주 많이 칭찬해 주세요. 그러면 아기도 기분이 좋아져서 동작에 대한 거부감이 점차 사라질 것입니다.

Q
하루 중 언제 실시하면 좋을까요?

A
반드시 언제 해야 한다는 법칙은 없습니다. 편안한 시간, 아기가 기분 좋을 때 실시하세요. 목욕하기 전에 요가를 하는 것도 효과적입니다. 다만 젖을 먹인 직후나 식사를 한 후에는 삼가야 할 자세가 몇 가지 있으니 본문의 설명을 참고하세요.

Q
매일 해야 하나요?

A
매일 시간을 정해 두고 실시해도 좋고, 엄마가 시간적으로 여유가 있고 아기의 기분이 좋을 때 해도 좋습니다. 얼마만큼 해야 한다고 정해진 기준은 없지만 1회당 30분 이내로 제한하는 것이 좋습니다.

Q
음악을 틀어 두는 편이 좋을까요?

A
엄마와 아기가 편안하게 느낄 수 있는 부드러운 음악을 틀어 두면 좋겠지요. 요가용 음악을 정해 두고 "이 음악이 나오면 요가를 할 거야."라고 아기와 약속을 해두는 것도 좋은 방법입니다.

Q

아기가 칭얼거릴 때 해도 될까요?

A

아기의 기분이 좋을 때 하는 것이 기본이지만, 아기가 칭얼거릴 때 달래 주듯 요가 동작을 한두 가지 하는 것도 좋습니다. 평소 좋아하는 동작을 하면 아기가 즐거워할 수도 있으니 다양하게 활용해 보세요.

Q

요가하기 편한 옷차림은?

A

베이비 요가를 시작하기 전에 마사지를 할 때는 아기의 상반신을 노출하는 편이 좋지만, 요가 동작을 할 때는 움직이기 편한 옷차림을 하는 것이 좋습니다. 목욕을 하기 직전에는 알몸으로 해도 좋습니다. 엄마는 움직이기 편한 복장이 좋습니다.

Q

요가 매트가 필요한가요?

A

있으면 좋지만 없다고 해서 일부러 구입할 필요는 없습니다. 담요나 큰 타월 등을 바닥에 깔고 하면 됩니다.

Q
아기의 상태가 좋지 않을 때는요?

A

열이 있거나 설사를 하는 등 몸 상
태가 나빠서 아기가 축 쳐져 있을
때는 요가 동작을 하지 않는 편이
좋습니다. 하지만 요가는 원래 자
연치유력과 면역력을 높여 주는 효
과가 있으니 변비 등으로 불쾌해할
때는 배변을 돕는 자세나 이완 동
작 등을 시도해 보세요. 한편, 요가
동작을 꾸준히 지속하면 밤에 자주
깨서 우는 행동이 개선되는 효과도
있습니다.

엄마의 자세와 호흡

베이비 요가를 할 때는 엄마도 아기와 함께 요가를 한다는 마음가짐으로 자세와 호흡법을 의식하며 동작하는 것이 중요하므로 이 책에서 소개하는 기본자세와 호흡법을 익히도록 한다. 또 육아에 지치고 힘들 때, 아기가 짜증스럽게 느껴질 때 이 요가 호흡을 하면 마음이 차분해진다.

기본자세

올바른 자세로 동작을 하면 마음이 차분해지고 호흡도 편안해진다. 반면 잘못된 자세로 요가를 하면 어깨 결림, 요통, 무릎 통증 등을 유발할 수 있으니 주의한다. 여기에서 소개하는 기본자세를 충분히 익혀 아기와 함께 동작을 취할 때도 항상 자신의 자세를 의식하면서 실시하는 것이 바람직하다.

방법

책상다리를 하고 앉을 때나 다리를 양쪽으로 벌리고 앉을 때 모두 골반을 안정시킨 상태로 앉아야 한다. 등뼈를 똑바로 펴고 정수리, 콧대, 턱의 중심 부분, 쇄골 사이에 움푹 파인 부분, 배꼽, 치골이 일직선이 되도록 한 다음 어깨에 힘을 뺀다. 아기는 책상다리를 한 다리 위에 눕히거나, 자신의 옆에 앉히거나 눕힌다. 두 다리를 벌린 다음 다리 사이에 아기를 눕혀도 좋다.

기본 호흡

요가에서 가장 중요한 부분은 호흡이다. 깊은 호흡은 몸과 마음을 편안하게 해 몸의 에너지를 높여 준다. 또 완벽하게 호흡법을 익혀 호흡을 조절할 수 있는 단계에 이르면 자신의 몸과 마음을 제어할 수 있다. 엄마와 아기모두 깊은 호흡을 통해 안정감을 얻을 수 있다.

방법

이 책에서는 복식호흡을 익히도록 한다. 복식호흡은 일반적인 얕은 호흡과 달린 배를 빵빵하게 부풀리며 숨을 들이마신 다음, 다시 배를 홀쭉하게 만들며 숨을 뱉는다.

① 기본자세로 앉은 다음, 먼저 코(입으로 해도 상관없다)로 숨을 뱉는다. 배를 홀쭉하게 만들며 항문을 조인다. 배꼽이 등과 딱 붙는 듯한 느낌으로 숨을 내쉰다.
② 배를 빵빵하게 부풀리면서 코로 숨을 들이마신다. 배꼽 아래쪽으로 3~4㎝ 부근을 중심으로 배를 부풀리면서 동시에 가슴을 열어 새로운 공기가 폐에 가득 차게한다.

베이비 요가를 시작하기 전에 기본 호흡 ①, ②를 3회 실시한다. 마음이 차분해지면서 몸이 이완되어 좀 더 좋은상태에서 베이비 요가를 실시할 수 있다. 요가의 호흡은코로 숨을 들이마시고 내쉬는 것이 기본이지만, 이것이 어렵다면 숨을 끝까지 내뱉는 것이 더 중요하므로 복식호흡에 익숙해질 때까지는 입으로 숨을 내뱉는 것도 좋다. 차츰 호흡법에 익숙해지면 코로 숨을 내쉬도록 한다.

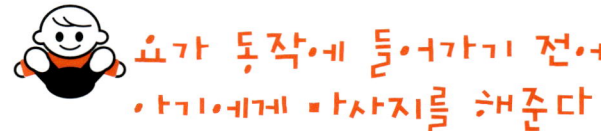

요가를 시작하기 전에 아기에게 간단하게 마사지를 해주면 좋다. 마사지를 하고 요가 동작을 한 후 목욕을 시키면 아기가 달콤하고도 기분좋은 잠에 빠져들 것이다.

왜 마사지를 하나요?

아기는 부드러운 엄마의 손이 자신을 어루만져 주는 것을 아주 좋아한다. 요가를 하기 전에 "우리는 지금부터 요가를 할 거야~."라고 말하면서 애정을 가득 담아 아기에게 마사지를 해주자. 물론 요가만으로도 아기는 충분한 만족감을 얻을 수 있으니, 시간이 없을 때나 놀이 도중에 한두 가지 요가 동작을 할 때에는 마사지를 생략해도 된다. 마사지할 때 베이비오일이나 호호바 오일 등을 사용해도 좋다.

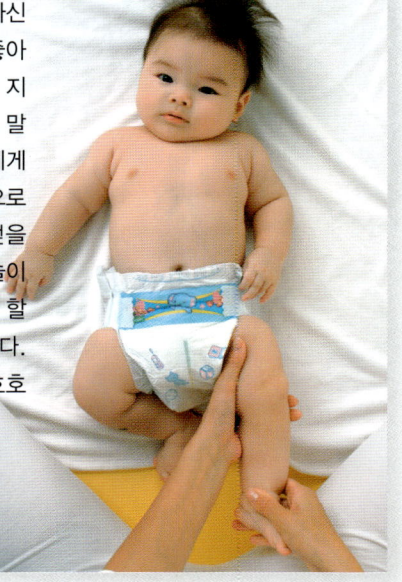

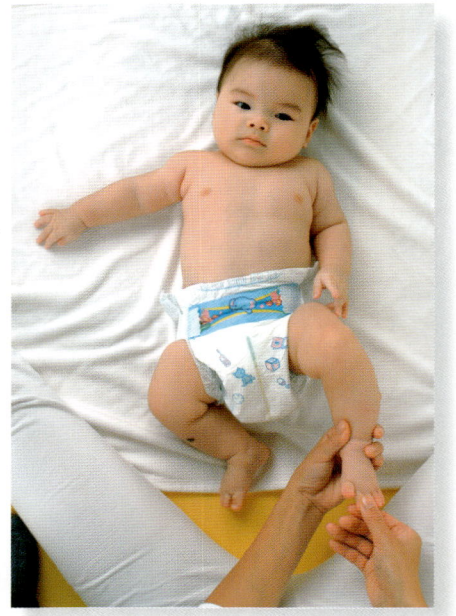

1 허벅지에서 발끝까지 마사지한다

허벅지 안쪽부터 발끝까지 손바닥 전체를 사용하여 아기의 발을 가볍게 비틀듯이 마사지한다. 이 동작을 3~5회 반복한다.

2 발가락 하나하나까지 세심하게

엄지와 검지로 아기의 발가락을 잡은 다음 뿌리 부분부터 발끝을 향해 마사지한다. 엄지로 아기의 발바닥도 원을 그리듯 문지른다. 이 동작을 3~5회 반복한다. 이렇게 해서 한쪽 다리가 끝나면 반대쪽 다리도 1번에서 2번까지 동일한 방법으로 실시한다.

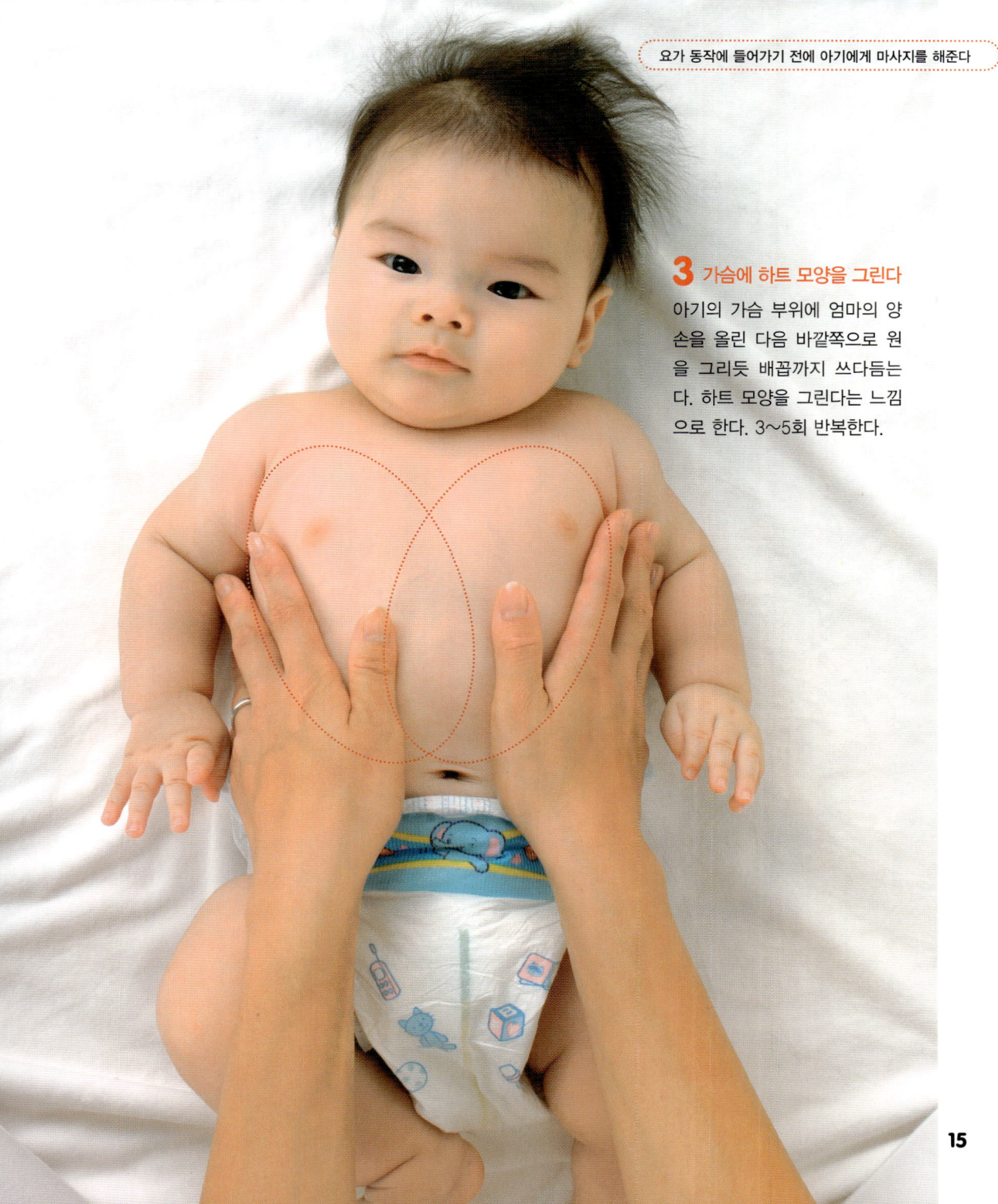

3 가슴에 하트 모양을 그린다

아기의 가슴 부위에 엄마의 양
손을 올린 다음 바깥쪽으로 원
을 그리듯 배꼽까지 쓰다듬는
다. 하트 모양을 그린다는 느낌
으로 한다. 3~5회 반복한다.

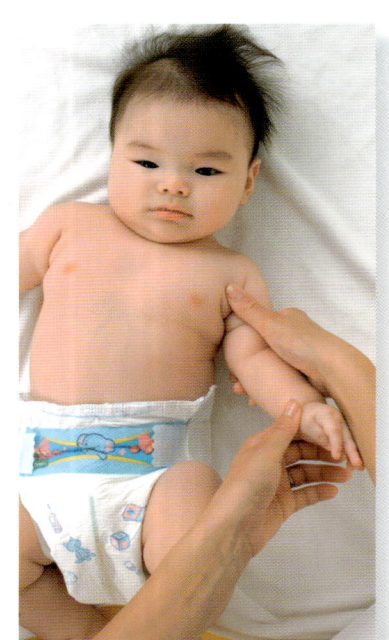

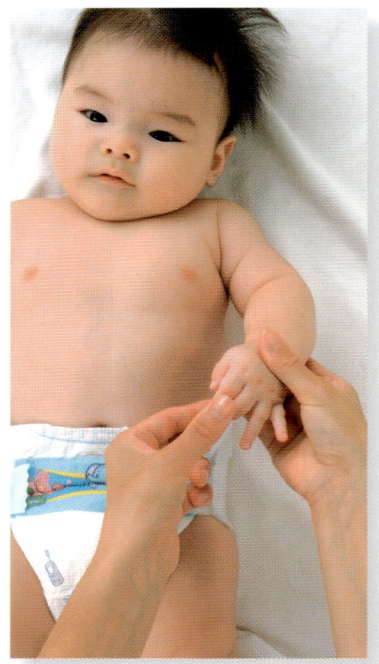

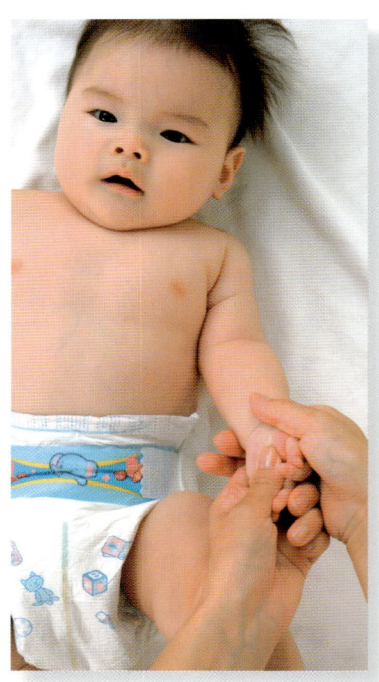

4 팔을 부드럽게 마사지한다

아기의 겨드랑이 쪽에서 시작하여 손가락 방향으로 아기의 팔 바깥쪽을 엄마의 손바닥으로 가볍게 비틀어 주듯 마사지한다. 이 동작을 3~5회 반복한다.

5 손가락도 하나하나 세심하게

한 손으로 아기의 손목을 가볍게 잡고 다른 한 손으로 아기의 손가락을 하나씩 잡고 손가락 뿌리 부분부터 손가락 끝을 향해 부드럽게 비틀 듯 마사지한다. 이것도 3~5회 반복한다.

6 손바닥에 원을 그린다

아기의 손을 쫙 편 다음 엄마의 엄지로 원을 그리듯 문지른다. 아기가 엄마의 손가락을 꽉 잡으면 엄지로 조금 힘을 주어 누르는 정도로만 한다. 이렇게 해서 한쪽 팔이 끝나면 다음에는 반대쪽 팔도 4번에서 6번까지 동일하게 실시한다.

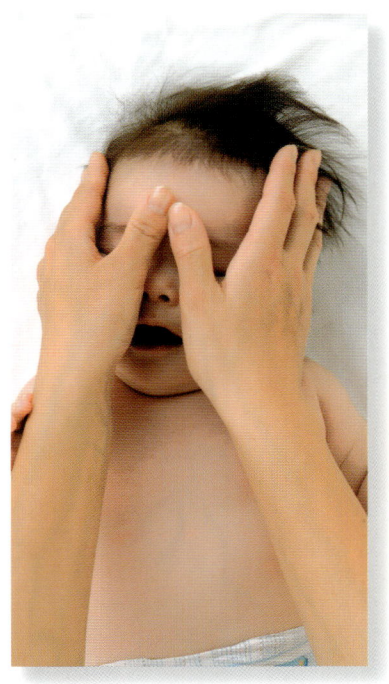 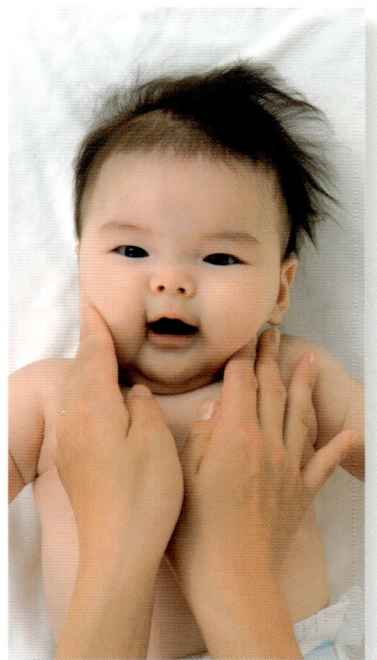 

7 얼굴도 부드럽게 마사지한다

엄마의 양손으로 아기의 얼굴을 가볍게 감싼다. 엄지로 아기의 이마 윗
부분을 콧대에서 바깥쪽 방향으로 쓸어내린다. 볼은 원을 그리듯이 하여
턱까지 쓰다듬는다. 이 동작을 3～5회 반복한다.

8 마지막으로 등을 마사지한다

아기를 엎드리게 하거나, 한쪽 팔로 안
고 목 부위에서 엉덩이 방향으로 부드
럽게 쓸어내린다. 이 동작도 3～5회
실시한다.

요가 동작의 시작과 마무리는 산 자세

산 자세는 정신을 안정시켜서 호흡을 가다듬는 자세이다. 엄마와 아기가 베이비 요가를 시작할 때와 마칠 때, 산 자세를 취해 인사한다.

목을 가누기 시작한 시기에 접어든 아기는 몸의 중앙에서 손을 합장하는 자세를 통해 몸의 중심을 알게 된다. 또한 이 자세를 하면서 자신의 손바닥을 모을 수 있다는 사실을 발견하고, 나아가 손뼉을 치는 움직임으로 발전시킬 수 있다. 앉기 시작한 시기라면 엄마와 함께 호흡을 맞추면서 정신을 통일하는 방법을 배우는 동시에 엄마와의 유대감이 더욱 깊이 쌓이게 된다.

일어서기 시작한 시기의 아기가 바닥에 발을 붙이고 몸의 중앙 부분에서 손을 합장한 이 자세를 취하려면 굉장한 집중력이 필요하다. 따라서 아기의 집중력 향상에도 좋은 영향을 미칠 것이다.

목을 가누는 시기/앉기 시작한 시기/말을 시작한 시기

목을 가누기 시작한 시기의 아기는 바닥에 눕힌 상태에서 엄마가 양손을 잡고 손바닥을 마주 대도록 해준다. 앉기 시작한 시기의 아기와 말을 시작한 시기의 아기는 엄마가 책상다리를 하고 그 위에 앉힌 다음, 양손을 잡아 손바닥을 맞대 주면 된다.

일어서기 시작한 시기/걸음마를 시작한 시기

혼자 일어서거나 걸음마를 시작한 시기의 아기는 엄마와 마주 보고 서게 한다. "산 자세를 하는 거야."라고 말하며 엄마의 자세를 따라 하게 한다.

 # 마지막에는 반드시 휴식 자세

목을 가누는 시기, 앉기 시작한 시기, 말을 시작한 시기, 일어서기 시작한 시기, 걸음마를 시작한 시기 등 아기가 어떤 성장 단계에 속하든 마지막에는 앞에서 소개한 산 자세(18~19쪽)와 이 휴식 자세는 반드시 하도록 하자. 복식호흡을 하면서 실시한다.

휴식

베이비 요가에서 소개하는 자세를 취하면 아기는 열심히 집중하려고 한다. 그러므로 마지막 단계에서 긴장을 풀어 주는 것이 매우 중요하다. 이 이완 방법을 익혀 두면 아기가 성장한 후에 긴장되는 상황에 직면하더라도 스스로 마음을 다스려 긴장을 풀 수 있게 된다. 아기와 함께 편안하게 눕는 동작만으로도 충분하다.

엄마는 천장을 향해 바닥에 누운 다음 다리를 가볍게 벌린다. 엄마의 배 위에 아기를 천장을 향해 눕힌 다음 아기가 엄마의 배 위에서 떨어지지 않도록 가볍게 양손으로 감싸 안는다. 아기의 긴장이 풀리면서 엄마의 몸 위에 편안하게 기대는 상태가 되었다면 이제 편안하게 눈을 감고 아기의 호흡에 집중한다. 엄마도 아기의 호흡에 맞추어 복식호흡을 실시한다.

● 38~39쪽에서도 참고한다.

목을 가누기 시작한 무렵부터

생후 3개월 정도 지난 아기의 겨드랑이에 양손을 끼고 안아 올렸을 때 아기의 머리가 앞뒤 좌우로 흔들리지 않는다면 아기가 요가를 시작할 준비가 되었다는 신호다. 이제 아기는 엎드린 상태에서 머리를 들어 올리고, 양쪽 팔의 힘으로 상체를 일으켜 세울 수 있을 것이다. 아기의 성장과 몸의 상태를 주의 깊게 살피면서 베이비 요가를 시작하자.

1

유대감을 길러 주는
캥거루
Kangaroo

효과

★ 호흡을 완벽하게 익힌다 ★
★ 엄마와 아기의 유대감을 강화한다 ★
★ 엄마와 아기의 긴장을 풀어 준다 ★

아기가 엄마의 배 속에 있는 듯 편안한 느낌이 들도록 한다

책상다리를 하거나 다리를 편안하게 벌린 상태로 앉는다. 이때 등이 둥글게 굽지 않도록 주의한다. 아기를 팔 안쪽으로 감싸 안아 엄마의 배에 기댈 수 있도록 앉힌다. 가볍게 눈을 감고 복식호흡을 천천히 3회 반복한다. 아기가 엄마 배 속에 있는 듯한 기분이 들도록 포근하게 감싸 안는다.

핵심

엄마가 포근하게 감싸 안아 안도감을 준다

아기는 엄마가 안아 주면 무척 좋아한다. 사랑스럽게 아기를 안고 눈을 맞추며 "우리 지금부터 요가하자."라고 말하면 엄마의 목소리와 포근함을 느끼며 아기도 긴장을 풀게 된다.

2

쑥쑥 자라게 하는
무릎을 꾹!
Knees to Chest

효과

★ 아기의 다리와 허리를 튼튼하게 한다 ★
★ 장을 편안하게 하고 변비 개선에 도움이 된다 ★

1

아기의 다리를 가볍게 잡는다

엄마는 양쪽 다리를 벌린 상태에서 등을 똑바로 세우고 앉는다. 엄마의 양쪽 다리 사이에 아기를 눕힌 다음 아기의 양쪽 다리를 각각의 손으로 가볍게 잡는다.

2
다리를 아기의 가슴 쪽으로 당긴다

이 상태에서 천천히 아기의 무릎을 배에서 가슴 쪽으로 당겨 준다. 이 상태를 5~10초 동안 유지한다. 그런 다음 등부터 시작해서 엉덩이가 바닥에 닿도록 천천히 다리를 내려 준다. 이 동작을 3~10회 반복한다.

하나 더!

데굴데굴 공을 굴리듯 굴려 본다

아기가 이 동작을 싫어하지 않으면 이번에는 무릎을 가슴 쪽으로 당긴 상태에서 천천히 아기의 무릎을 오른쪽으로 향하게 한다. 정면으로 되돌린 다음 이번에는 왼쪽으로 실시한다. 여기까지 한 세트로 2~3회 반복한다. 이때 아기의 양쪽 무릎은 너무 가까이 붙이지 않도록 주의한다.

3

근육 힘을 길러 주는

양발로 뻥!

Push My Hands

★ 발과 허리 근육을 강화하여 앉는 자세를 준비한다 ★
★ 규칙적인 호흡을 익혀 운동 능력을 높인다 ★
★ 아기의 능력 개발에 도움이 된다 ★

준비 동작

아기가 발을 꼭 쥐고 있을 때는?

엄마는 아기의 손을 가볍게 잡고 "자, 우리 요가하자."
라고 말하며 손뼉을 치는 동작을 하여 아기의 주의를
다른 곳으로 돌린다.

1

아기의 발바닥을 엄마의 손으로 누른다

엄마는 등을 곧게 펴서 앉는다.
아기를 눕힌 다음 아기의 발바
닥과 엄마의 손바닥을 맞닿게
한다. 천천히 손바닥에 힘을 주
어 아기의 배 쪽으로 밀어 준다.

2
손바닥의 힘을 조금씩 약하게 풀어 준다

아기의 무릎이 충분하게 굽혀졌다면 이번에는 엄마가 손바닥 힘을 조금씩 뺀다. 아기의 무릎이 다시 쭉 펴질 때까지 실시한다.

3
아기와 비슷한 힘으로 다시 누른다

아기가 다리에 힘을 주며 엄마의 손바닥을 밀어내는 것이 느껴질 것이다. 아기가 엄마의 손바닥을 충분히 밀어낸다면 조금씩 강도를 세게 하며 동작을 실시한다.

응용 동작

다리를 한쪽씩 교대로 밀어 보자

엄마가 미는 힘에 아기가 제대로 반응하게 되었다면 이번에는 한쪽 다리씩 교대로 밀어 본다. 하나둘, 하나둘 하며 걸음마를 하듯이 박자를 맞추면, 점차 한쪽 발씩 교대로 동작을 할 수 있게 될 것이다.

예쁜 몸 가꾸기 시작한 무렵부터 할 수 있는 동작

4

팔다리가 길어지는
교차 스트레칭
Cross
& Stretch

(효과)

★ 아기의 전신 운동이 된다 ★
★ 리듬 감각을 키운다 ★
★ 아기의 능력을 개발하는 데 도움이 된다 ★

1 아기의 오른손과 왼발을 잡는다

다리를 벌린 다음 등을 곧게 세우고 앉는다. 오른
손으로 아기의 왼쪽 발목을, 왼손으로 아기의 오
른쪽 손목을 잡는다.

2 왼발을 오른손에 갖다 댄다

"왼발로 콩!"이라고 말하면서 아기의 오른손을 왼
쪽 발가락 끝에 살짝 갖다 댄다.

3 쭉쭉이를 한다

"이번에는 쭉쭉이를 할 거야."라고 말하면서 아기의 손과 발이 대각선이 되도록 가볍게 당긴다. 이때 손과 발을 가볍게 흔들어 준다.

4 아기의 왼손과 오른발을 잡는다

이번에는 오른손으로 아기의 왼쪽 손목을, 왼손으로 아기의 오른쪽 발목을 잡는다.

5 오른발을 왼손에 갖다 댄다

"오른발로 콩!"이라고 말하면서 아기의 왼손을 오른쪽 발가락 끝에 살짝 갖다 댄다.

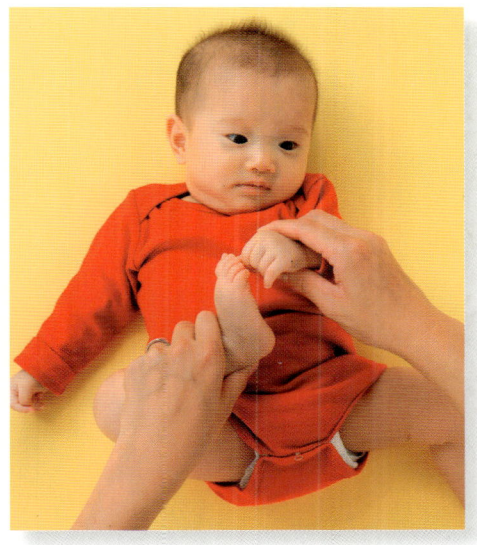

6 다시 쭉쭉이를 한다

"또 쭉쭉이 하자."고 말하면서 손과 발을 대각선 방향으로 가볍게 당긴다. 1번에서 6번까지 한 세트로 2~3회 해준다.

29

5

사랑을 전하는

아기에게 뽀뽀를

Kiss You All

1 이마에 뽀뽀한다

엄마는 다리를 벌리고 등을 곧게 펴서 앉은 다음, 다리 사이에 아기를 눕혀 천장을 보게 한다. 아기가 작을 때는 다리를 쭉 편 상태에서 모아 앉은 후 그 위에 아기를 눕혀도 된다. "이마에 쪽!"이라고 말하면서 아기의 이마에 뽀뽀한다.

2 입술에 뽀뽀한다

그 다음에는 "입술에 쪽!"이라고 말한 다음 아기의 입술에 뽀뽀한다. 이때 아기의 눈을 사랑스럽게 바라보면서 아기를 사랑하는 엄마의 마음이 충분히 전달되도록 한다.

3 가슴, 배, 손, 발 순으로 뽀뽀한다

"가슴에 쪽!"이라고 말하며 아기의 가슴에 뽀뽀한다. "쪽"이라는 소리를 내면 아기도 즐거워할 것이다. 다음으로 "배에 쪽!", "오른손에 쪽!", "왼손에 쪽!", "오른발에 쪽!", "왼발에 쪽!" 하며, 상반신에서 발가락 끝까지 계속한다.

4 마지막으로 꼭 끌어안아 '사랑'을 전한다

아기를 가슴에 꼭 끌어안는다. 아기의 엉덩이와 머리를 양손으로 지탱하며 꼭 끌어안고 "너무너무 사랑해~." 라고 말해 보자. 분명 아기는 세상에서 가장 좋은 엄마의 품에 안겨 무척 행복해할 것이다.

6

엄마의 몸매를 잡아 주는

리프트&드롭

Lift & Drop

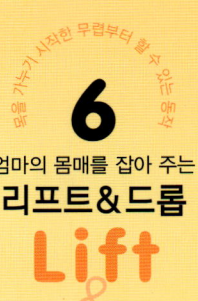

효과

★ 출산 후 흐트러진 엄마의 몸매를 바로잡아 준다 ★
★ 아기의 균형 감각을 키워 준다 ★

핵심

구부정한 허리는 NG

무릎을 굽혔을 때 무릎이 발가락 끝보다 앞으로 나오지 않도록 주의한다. 자칫 무릎에 통증을 느낄 수도 있다.

1

아기가 떨어지지 않도록 주의하며 뒤쪽으로 안고 일어선다

엄마는 어깨 넓이보다 넓게 다리를 벌리고, 발끝을 45도 바깥으로 향해 선다. 아기의 등이 엄마의 가슴에 완전히 닿도록 한다. 한 손으로 아기의 엉덩이 아래쪽을, 다른 한 손으로는 아기의 가슴 쪽을 감싼다. 아기를 단단하게 떠받든 상태에서 배가 불룩해질 때까지 코로 숨을 들이마신다.

2

숨을 내쉬면서 무릎을 굽힌다

엄마는 코로 숨을 길고 깊게 내쉬면서 엉덩이를 바닥에 떨어뜨리듯 천천히 무릎을 굽힌다. 아기의 몸도 조금 아래쪽으로 낮춘다. 그런 다음 재빨리 엉덩이를 꽉 조인다는 느낌으로 무릎을 펴면서 아기도 원래 위치로 올린다. 1번에서 2번까지 한 세트로 4~8회 반복한다.

7

운동 능력을 높이는
그네처럼 흔들흔들
Swing

효과

★ 균형 감각을 키우고 운동 능력을 높인다 ★
★ 출산 후 흐트러진 엄마의 몸매를 바로잡아 준다 ★

1 아기를 안고 허리를 길게 늘려 준다는 느낌으로 앞으로 숙인다

리프트 앤 드롭(32~33쪽)의 처음 시작 동작과 동일하게 아기를 안
는다. 단, 이번에는 발가락 끝이 정면을 향하도록 한다. 엄마는 무
릎을 곧게 편 상태에서 숨을 내쉬며 몸을 앞으로 굽힌다. 등이 바닥
과 평행을 이루도록 하면 가장 좋다.

응용 동작

강도를 조금 높여 본다

아기가 좋아하면 좀 더 강도를 높여 보자. 아기가 무서워하면 곧바로 처음 속도로 되돌린다.

2 아기를 앞뒤로 흔들어 준다

아기의 몸을 엄마의 가슴에서 떼서 바닥 쪽으로 가깝게 해 "흔들흔들."이라고 말하며 아기를 천천히 앞뒤로 흔든다. 아기가 재미있어하면 엄마가 힘이 들지 않는 정도까지 조금 더 지속한다. 동작을 마칠 때는 아기를 가슴 쪽으로 끌어당기며 천천히 숨을 들이마시면서 상체를 일으켜 세운다.

★ 수유나 식사 후 30분 이내에는 이 자세를 하지 않도록 한다.

8

목을 가누기 시작한 무렵부터 할 수 있는 동작

균형감을 길러 주는
비행기처럼 슈웅~
Go Go Fly

효과

★ 아기의 균형 감각을 키운다 ★
★ 출산 후 흐트러진 엄마의 몸매를 바로잡아 준다 ★
★ 아기와 엄마의 원활한 커뮤니케이션에 도움이 된다 ★

1 아기를 종아리에 올린다

엄마는 무릎을 세우고 앉는다. 아기를 엄마의 종아리에 기대듯 세운 다음 아기의 겨드랑이에 손을 끼워 안는다. 이때 엄마의 허리가 구부정해지지 않도록 주의한다.

★ 수유나 식사 후 30분 이내에는 이 자세를 하지 않도록 한다.

36

엄마의 복부를 단련한다

어깨에 힘을 빼고 숨을 내쉬면서 가볍게 턱을 당겨 엄마의 얼굴과 어깨가 바닥에서 떨어져 배꼽을 바라보는 자세로 만든다. 배꼽 주변에 힘을 주어 엉덩이 근육을 강하게 조인 다음, 내쉬는 숨에 집중하면서 리듬감 있게 다리를 움직인다.

2

천천히 뒤로 누우면서 '비행기'를 태운다

아기의 겨드랑이 밑에 단단히 손을 끼운 상태에서 엄마는 천천히 뒤로 누워 무릎이 90도가 되도록 굽힌다. 이때 아기는 바닥과 평행이 되도록 한다. "○○야, 비행기 타자. 슈웅~슈웅~." 하고 아기의 이름을 부르며 무릎을 굽혔다 폈다 하거나, 앞뒤로 움직인다. 아기와 엄마의 얼굴이 가까워졌다 멀어졌다 할 것이다.

37

9

긴장을 풀어 주는

아주 아주 편안하게

Very Very Relax

효과

★ 엄마와 아기의 긴장을 완화하는 데 도움이 된다 ★
★ 요가 호흡법을 완벽하게 습득한다 ★

1 엄마의 배 위에 엎드린 자세로 눕힌다

천장을 향해 누운 다음 다리를 조금 벌린 상태에서 어깨의 힘을 뺀다. 엄마의 배꼽과 아기의 배꼽이 만나도록 아기를 엎드린 자세로 눕힌 다음 아기가 배 위에서 떨어지지 않도록 손으로 감싸 안는다. 가볍게 눈을 감고 편안하게 호흡한다. 아기의 호흡이 느껴지면 아기의 호흡과 맞추어 본다. 전신의 힘이 기분 좋게 빠져나가는 것이 느껴질 때까지 해준다.

핵심

아기의 긴장을 풀어 준다

베이비 요가를 마친 후에는 어떤 형태로든 엄마와 아기가 함께 긴장을 풀어 주도록 한다. 아기가 '긴장을 이완하는 방법'을 익히면 앞으로 성장하면서 겪게 될 다양한 감정을 받아들이는 데 도움이 될 것이다.

준비 동작

아기가 싫어할 때는?

아기가 엄마 배 위에 눕는 것을 싫어한다면 아기를 안고 나란히 눕거나, 엄마 혼자서라도 편안한 자세로 누워 본다. 엄마가 편안해하면 아기도 긴장을 풀고 편안함을 느끼게 될 것이다(20쪽 참조).

2 엄마의 배 위에 똑바로 눕힌다

아기가 엎드린 자세를 싫어한다면 엄마의 배 위에 아기를 똑바로 눕혀 본다. 아기가 엄마의 배 위에서 떨어지지 않도록 손으로 가볍게 감싸 안는다. 가볍게 눈을 감고 편안하게 호흡한다. 아기의 호흡이 느껴지면 아기의 호흡과 맞추어 본다.

목을 가누기 시작한 무렵부터 할 수 있는 동작 종합

각각의 동작을 완벽하게 익혔다면 이 가운데 몇 가지 동작을 연결해서 실시해 보자. 동작의 종류나 횟수는 아기의 기분이나 몸의 상태에 맞게 늘리거나 줄이면 된다. 마지막에는 휴식 동작(20~21쪽)으로 엄마와 아기 모두 몸과 마음을 이완하는 시간을 갖는다.

아침에 일어난 후 아침 체조로

캥거루
Kangaroo

22~23 쪽을 보세요

무릎을 꼭!
Knees to Chest

24~25 쪽을 보세요

낮의 활동 시간에

양발로 뻥!
Push My Hands

26~27 쪽을 보세요

교차 스트레칭
Cross & Stretch

28~29 쪽을 보세요

비행기처럼 슈웅~
Go Go Fly

36~37 쪽을 보세요

40

잠들기 전 잠을 부르는 체조

아기에게 뽀뽀를
Kiss You All

30~31
쪽을
보세요

아주 아주 편안하게
Very Very Relax

38~39
쪽을
보세요

아빠와 함께 힘차게

리프트&드롭
Lift & Drop

32~33
쪽을
보세요

아기에게 뽀뽀를
Kiss You All

30~31
쪽을
보세요

41

앉기 시작한 무렵부터

생후 7~8개월 정도 지난 후 아기가 손을 앞으로 짚거나 등을 둥글게 구부리지 않고도 앉을 수 있다면 시작해 보자. 누운 상태에서 실시하는 동작이 대부분이지만, 등에 힘이 빳빳하게 들어가야 할 수 있는 동작도 몇 가지 늘어난다. 동작이 다양해져 아기도 요가를 더욱 재미있어할 것이다.

앉기 시작한 무렵부터 할 수 있는 동작

1
요가 호흡법을 익히는
풍선 1
Balloon 1

효과

★ 상상력을 자극한다 ★
★ 아기의 전신 운동에 도움이 된다 ★
★ 요가 호흡법을 익힌다 ★
★ 출산 후 흐트러진 엄마의 몸매를 바로잡아 준다 ★

엄마 풍선

1
먼저 엄마가 아기에게 시범을 보여 주자

다리를 어깨 넓이로 벌리고 아기 옆에 선다. 숨을 가득 들이마시면서 양손을 위로 가져간다. 이때 발가락에 힘을 주고 발가락 끝으로 선다. 동작을 하기 전에 "엄마는 풍선이 될 거야."라고 미리 말해 주면 더욱 좋다.

2
"휴우~" 소리를 내며 한꺼번에 숨을 내뱉는다

발가락 끝으로 선 상태에서 다시 한 번 숨을 들이쉰 다음 "휴우~" 하고 한꺼번에 숨을 내뱉는다.

3 최대한 몸을 작게 만든다

그런 다음 풍선이 오므라들 듯 바닥까지 몸을 작게 만들어 간다. 최대한 작게 만든 다음 1번으로 되돌아간다. 1번에서 3번까지를 한 세트로 2~3회 반복한다.

하나 더!

엄마가 먼저 시범을 보인다

'풍선 1'과 '쭉~쭉 늘이기 1(58~59쪽)'은 먼저 엄마가 시범을 보여 주면 좋다. 아기가 너무 어려서 처음에는 흥미를 보이지 않을 수도 있지만, 여러 번 반복하다 보면 엄마와 아기가 함께 재미있게 동작을 할 수 있게 될 것이다.

아기 풍선

1 아기도 함께 풍선 만들기

엄마의 다리 사이에 아기를 앉힌다. "풍선을 만들자."라고 말하면서 아기의 양손을 머리 위로 쭉 당긴다. 엄마도 코로 숨을 가득 들이쉬며 아기가 따라 하도록 유도한다.

2 아기도 공기를 빼낸다

엄마가 "휴우~." 하고 말하며 아기의 양손을 바닥에 내리면서 아기의 몸도 바닥 가까이에 닿도록 한다. 이 동작을 완전히 익히면 3~4회 반복한다. 온몸을 풍선처럼 만들며 아기와 놀아 보기도 한다.

앉기 시작한 무렵부터 할 수 있는 동작

2

전신 운동을 돕는

비틀며 데굴

Twister

효과

★ 아기의 장을 편안하게 만든다 ★

★ 아기의 전신 운동에 도움이 된다 ★

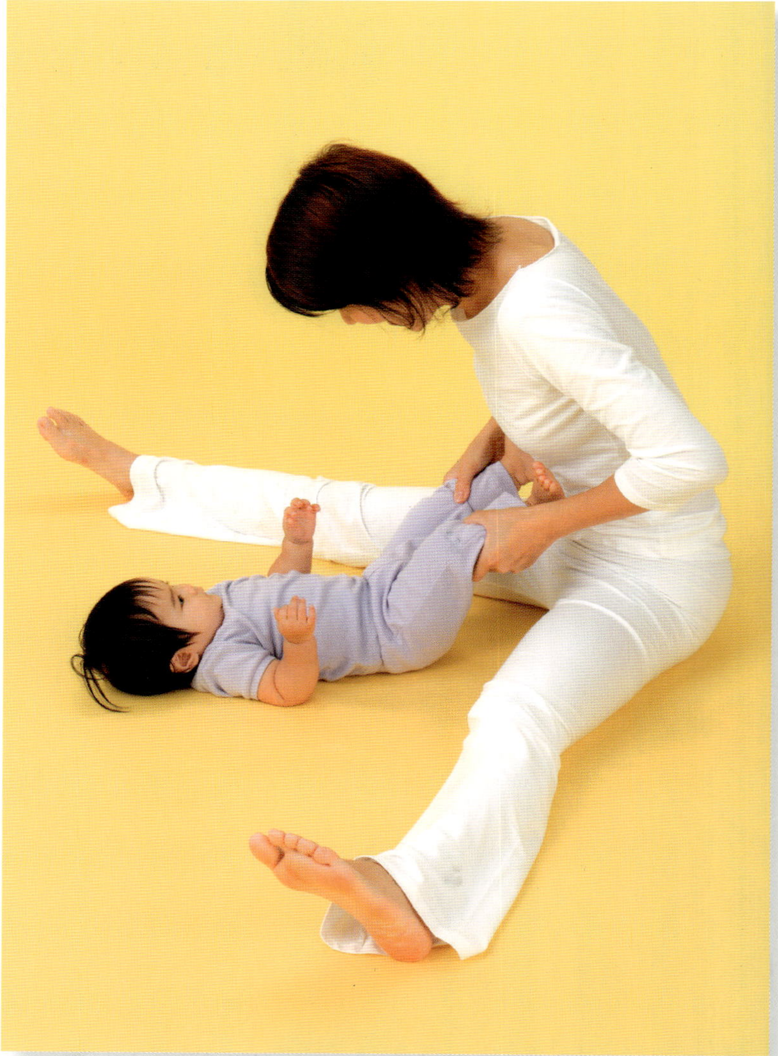

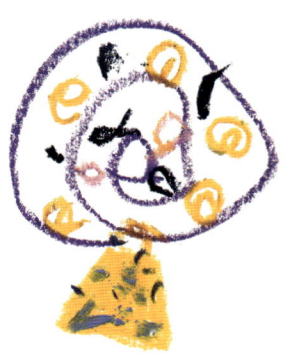

1 아기를 천장을 향해 눕힌다

엄마는 다리를 벌리고 앉아 무릎을 쫙 편다. 아기를 다리 사이에 눕혀 천장을 보게 한다. 엄마가 아기의 얼굴을 보면서 다정하게 말을 걸면 아기의 긴장이 풀릴 것이다.

2 허벅지를 배 쪽으로 당기며 비튼다

양손으로 아기의 양쪽 허벅지 아래쪽을 잡고 허벅지를 배 쪽 가까이로 밀어 주면서 양쪽 다리를 같이 오른쪽으로 비튼다.

3 반대쪽으로도 비튼다

발가락 끝이 바닥에 닿을 듯 말 듯한 상태에서 천천히 가운데로 돌아와서 이번에는 왼쪽으로 비튼다. 좌우를 한 세트로 3~5회 반복한다.

3

장운동을 활발하게

발을 빙글빙글
Circle

효과

★ 장운동을 활발하게 하여 변비를 개선한다 ★
★ 관절을 부드럽게 만들어 허리 근력을 강화한다 ★

1
아기를 천장을 향해 눕힌다

엄마는 다리를 벌린 자세로 앉아 무릎을
쫙 편다. 아기를 다리 사이에 눕힌다. 아기
의 종아리나 허벅지 부분을 잡고 가볍게
아기의 무릎을 굽힌다. 엉덩이가 바닥에서
떨어지는 정도면 적당하다.

2
아기의 다리를 잡고 빙글빙글 돌린다

아기의 무릎으로 원을 그리듯 시계 방향으
로 3~5회 돌려 준다. 잠시 숨을 고른 다
음 이번에는 아기의 무릎을 시계 반대 방
향으로 3~5회 돌려 준다. 동작을 하면서
"빙글빙글 돌아가요.", "이번에는 반대 방
향이야."라고 말해 주자.

4

앉기 시작한 무렵부터 할 수 있는 동작

전신 운동을 돕는
데굴데굴
Rolling

효과

★ 아기의 전신 운동에 효과적이다 ★
★ 아기의 능력 개발에 도움이 된다 ★

데굴데굴 좌우로 움직인다

엄마의 다리 사이에 아기를 눕히고 엄마의 오른손으로 아기의 왼쪽 발목을,
엄마의 왼손으로 아기의 오른쪽 발목을 잡고 아기의 배 위에 올린다. 자세가
안정되면 오른쪽으로 한 번, 왼쪽으로 한 번씩, 5~10회 가량 아기의 전신을
이용해 굴려 준다.

47

앉기 시작한 무렵부터 할 수 있는 동작

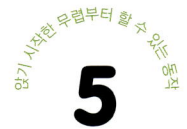

5

관절을 부드럽게

나비야 나비야 1

Butterfly 1

효과

★ 관절을 부드럽게 만들어 허리 근육을 강화한다 ★

주의!

고관절을 무리해서 벌리지 않도록 한다!

아기가 싫어하면 다리를 억지로 벌리지 말자. 억지로 이 동작을 하면 고관절 탈구 등의 원인이 되므로 주의한다.

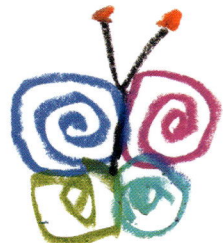

1 엄마의 다리 사이에 아기를 눕힌다

엄마는 다리를 벌리고 앉아 무릎을 편다. 아기를 다리 사이에 눕히고 아기의 양쪽 발목을 양손으로 한쪽씩 잡는다.

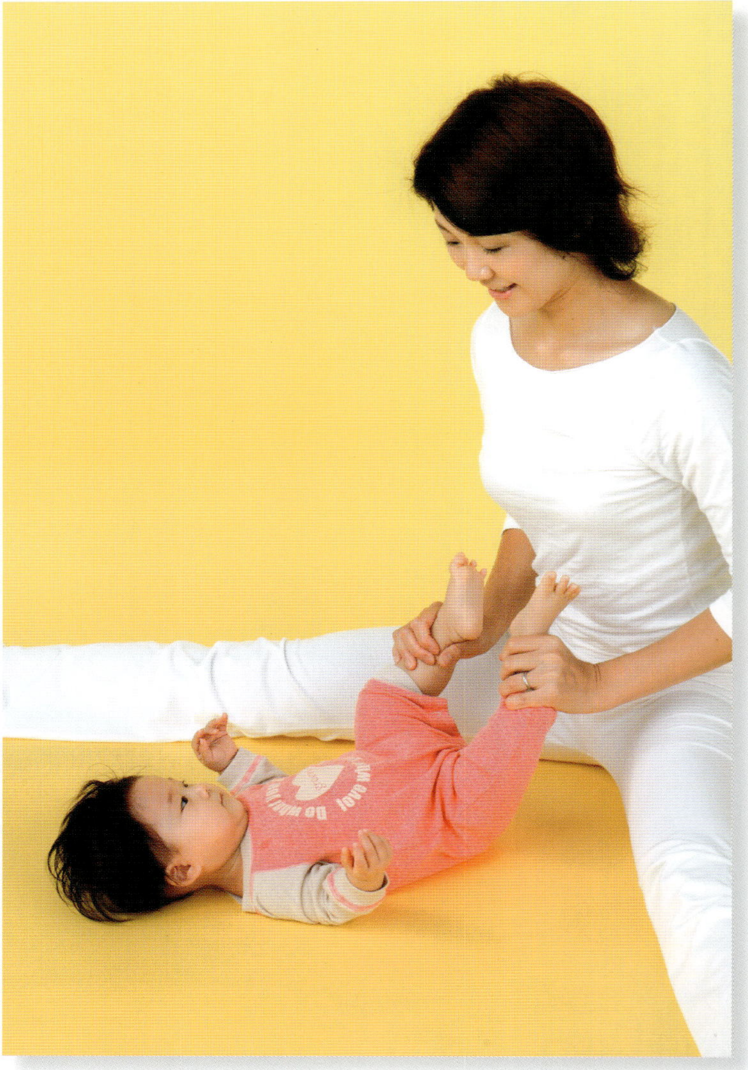

2 아기의 발을 나비처럼 만든다

아기의 양쪽 발바닥이 만나도록 하여 고관절(허벅지 안쪽 부분)을 조금 열어 나비 날개 모양을 만든다. '나비야' 노래를 부르며 이 상태를 3초 정도 유지한다.

3 마지막으로 고관절을 원래 상태로 되돌린다

동작을 마무리할 때는 열린 고관절을 닫듯이 아기의 무릎을 가지런히 펴서 엄마 쪽으로 천천히 당겨 준다. 가볍게 다리를 당겨 준 다음 아기의 발목을 내려놓아 아기가 편하게 움직이게 한다.

앉기 시작한 무렵부터 할 수 있는 동작

6

허리를 튼튼하게 만드는

다리 Bridge

효과

★ 아기의 다리와 허리를 튼튼하게 한다 ★

★ 스트레칭과 이완의 차이를 익힌다 ★

★ 기저귀 가는 시간을 즐겁게 만든다 ★

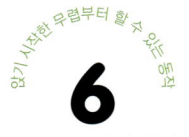

주의!

아기의 어깨가 바닥에 닿도록 한다!

허리를 지나치게 높게 하여 견갑골과 머리가 바닥에서 떨어지게 해서는 안 된다. 아기가 싫어한다면 억지로 시키지 말자.

★ 엄마가 "다리"라고 말했을 때 아기가 스스로 엉덩이를 높이 치켜들게 된다면 엄마도 편하게 기저귀를 갈 수 있다.

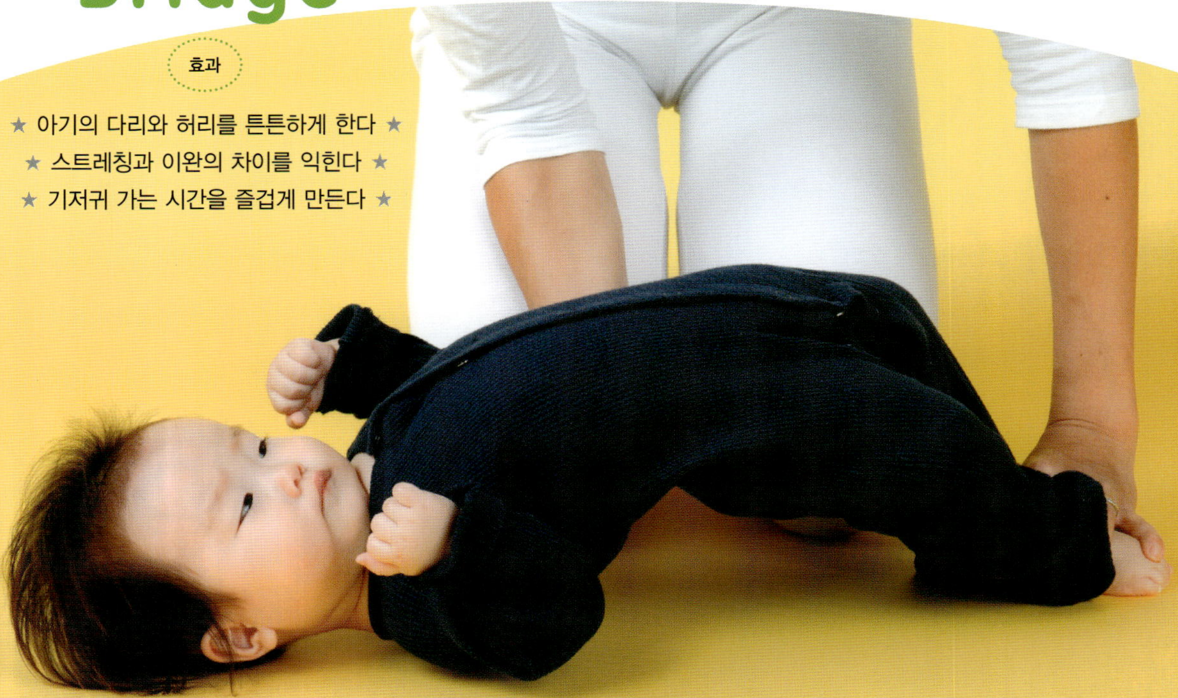

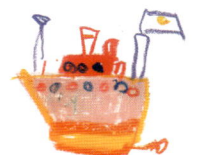

아기의 등 아래쪽에 손을 넣어 다리 모양을 만든다

엄마는 등을 곧게 펴서 정좌한다. 엄마의 무릎에 가볍게 닿는 정도의 위치에 아기를 천장을 향하게 하여 눕힌다. 엄마는 허리를 살짝 들어 올려(이때 고양이 등처럼 굽지 않도록 주의한다) 한 손으로 아기의 양쪽 발등을 부드럽게 누르고, 다른 한 손으로는 아기의 허리 아래쪽을 받친다. 아기의 허리를 바닥에서 10㎝ 정도의 위치까지 들어 올린다. 5초 정도 이 상태를 유지한 후 천천히 바닥에 내려놓는다. 1~3회 반복한다.

1 아기를 엄마의 다리 위에 눕힌다

엄마는 다리를 가지런히 모으고 허리를 곧게 펴고 앉는다. 엄마의 발끝에 아기의 머리가 오도록 눕힌 다음, 아기가 엄마의 다리에서 떨어지지 않도록 가볍게 잡아 준다. 엄마의 무릎 아래쪽에 아기의 허벅지 안쪽이 오도록 한다.

앉기 시작할 무렵부터 할 수 있는 동작

7

균형 감각을 키우는
물구나무 서기

Head
Down

효과

★ 아기의 능력 개발에 도움이 된다 ★
★ 아기의 균형 감각을 키운다 ★

2 엄마의 무릎을 세워서 아기를 거꾸로 세운다

아기의 허벅지 또는 허리 부위를 잡고 엄마의 무릎을 조금씩 세운다. 무릎의 각도는 45도 정도가 적당하다.

응용 동작

점차 시간을 길게 늘린다
처음에는 물구나무를 선 상태를 3초 정도 지속한다. 동작이 익숙해지면 시간을 조금씩 늘려서 10초 정도 유지한다.

앉기 시작한 무렵부터 할 수 있는 동작

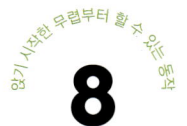

8

상상력을 풍부하게

데굴데굴 김밥

Gimbap

효과

★ 아기의 전신 운동에 도움이 된다 ★

★ 아기의 상상력을 풍부하게 한다 ★

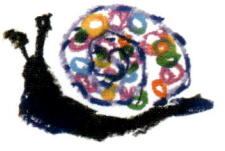

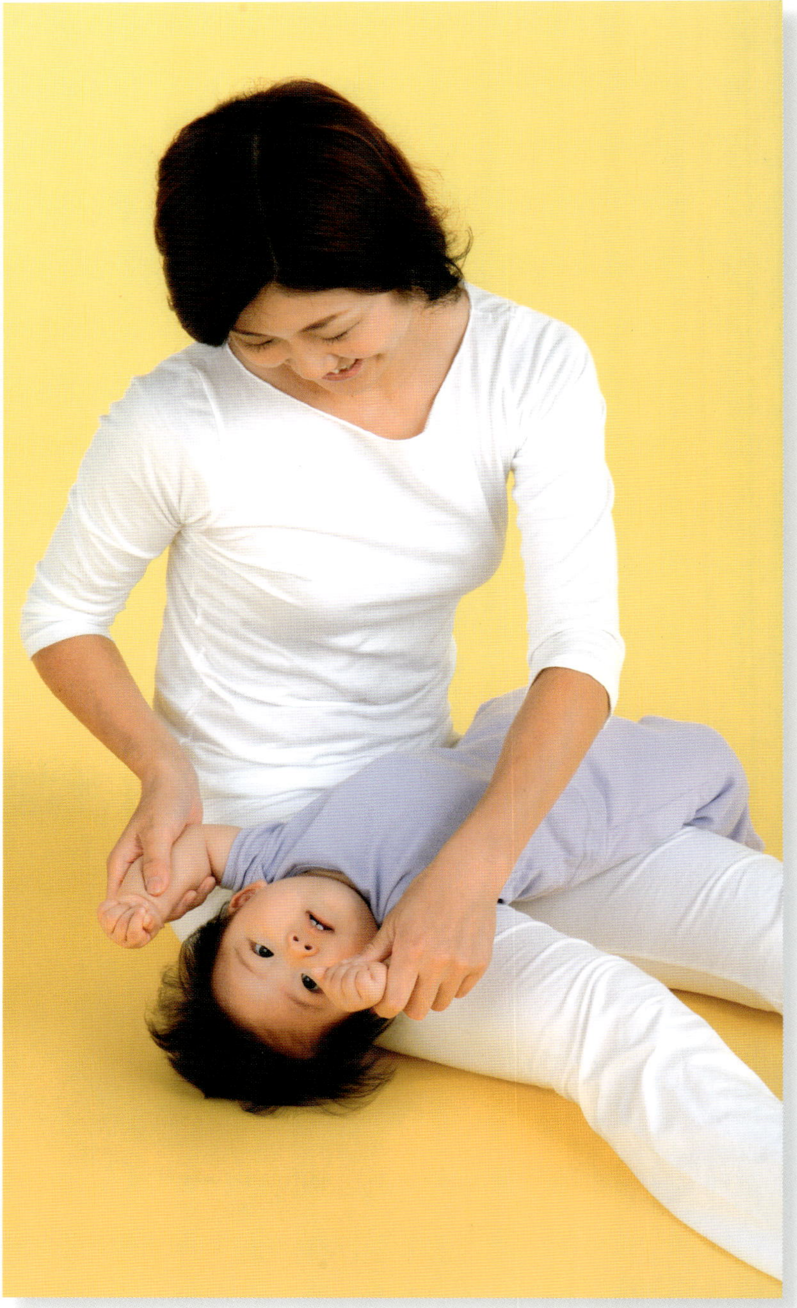

1 엄마의 다리 위에 아기를 눕힌다

엄마는 다리를 자연스럽게 앞으로 펴고 등을 곧게 세워서 앉는다. 엄마의 허벅지 안쪽에 천장을 바라보게 아기를 눕힌다. 아기의 양손을 위로 올려 만세 자세를 취하게 한다.

2 데굴데굴 김밥을 말자

"김밥이 데굴데굴~, 김밥이 데굴데굴~."
이라고 말하며 엄마의 허벅지 안쪽에서
발끝을 향해 아기를 굴린다. 아기를 굴릴
때 엄마의 등이 휘지 않도록 주의한다.

3
반대쪽으로도 데굴데굴

아기가 엄마의 발끝까지 가면 이
번에는 발끝에서 허벅지 안쪽까
지 "김밥이 데굴데굴~."이라고
말하며 굴린다. "우리 아기는 어
떤 김밥을 좋아하지?"라고 말을
걸어 본다.

주의!

**처음부터 너무 무리하게
시도하지 않는다**

'갔다 왔다'를 한 세트로 3회
가 적당하다. 처음에는 아기
가 어지럽지 않도록 속도를
조절하여 조금씩 시도한다.
★ 수유 후나 이유식을 먹인 직
후에는 피한다.

9

등 근육을 강하게

아기 코브라
Mini Cobra

효과

★ 아기의 등 근육을 강화한다 ★

1 다리 위에 아기를 엎드리게 한다

엄마는 다리를 펴고 등을 곧게 세우고 앉는다. 아기의 머리가 엄마의 발끝에 오도록 엎드리게 한다. 아기의 등을 쓰다듬듯이 위에서 아래로 가볍게 마사지한다. 아기에게 "코브라 자세를 할 거야."라고 말해 준다.

2 어깨를 가볍게 잡고 코브라처럼 동작한다

엄지를 아기의 견갑골 아래쪽에 대고 아기의 어깨를 부드
럽게 잡아 천천히 가슴을 젖히게 한 다음 3~8초 동안 유
지한다. 다시 원래 자세로 내려놓고 등을 마사지하여 긴장
을 풀어 준다.

응용 동작

다리 위에 올리지 않아도 OK!

아기를 무릎 위에 올리는 대신 다리를 벌
리고 그 사이에 눕혀도 된다. 어느 쪽이
든 아기가 좋아하는 곳에서 하면 된다.
엄마가 등을 쓰다듬으며 "코브라를 만들
어 볼까?"라고 말하면 스스로 알아서 머
리를 치켜드는 아기도 있다.

10

다리를 튼튼히
엉덩이에 콩콩!
Kick Hip

효과

★ 아기의 다리 힘을 강화한다 ★
★ 아기의 등 근력을 키운다 ★

1 아기를 엄마의 다리 사이에 놓고 엎드리게 한다

엄마는 다리를 벌리고 등을 펴서 앉는다. 아기를 엄마의 배
쪽으로 다리가 오도록 하여 엎드리게 한다. 엄마가 다리를
나란히 붙이고 앉은 상태에서 엄마의 허벅지 위에 아기를 엎
드리게 해도 좋다.

2 오른발을 엉덩이에 콩콩!

아기의 오른쪽 발목을 가볍게 잡고, 아기의 엉덩
이 오른쪽을 발꿈치로 '콩콩콩' 차게 한다.

3 왼발을 엉덩이에 콩콩!

이번에는 아기의 왼쪽 발목을 잡고 아기의 엉덩이 왼쪽을
'콩콩콩' 차게 한다. 좌우를 한 세트로 1~3회 실시한다.

앉기 시작할 무렵부터 할 수 있는 동작

11

균형 감각을 높여 주는

쭉~쭉 늘이기 1

Arch 1

효과

★ 하체를 단련하여 균형 감각을 높인다 ★

★ 요가 호흡법을 익힌다 ★

하나 더!

먼저 엄마가 시범을 보인다

이 '쭉~쭉 늘이기 1'과 '풍선 1(42~43쪽)'은 엄마가 먼저 시범을 보여 주자. 처음에는 그다지 흥미를 보이지 않던 아기도 여러 번 반복하는 사이에 엄마의 동작을 따라 하게 된다.

엄마의 쭉~쭉 늘이기

1

다리를 가지런히 하여 편안한 자세로 선다

엄마는 다리를 가지런히 하고 서서 어깨의 힘을 빼고 양손은 차려 자세를 취한다. 호흡은 멈추지 말고 깊은 복식호흡을 계속한다. 아기에게 "쭉~쭉 늘어난다."라고 말해 주면 더욱 좋다.

2

깊이 호흡하면서 아치를 만든다

숨을 들이마시면서 오른손 손바닥을 안쪽으로 향하게 하여 머리 위로 최대한 길게 늘여 올린다. 동시에 왼손을 허벅지 옆에 붙이고 숨을 내쉬면서 왼손 중지를 미끄러지듯 아래쪽으로 내린다. 숨을 내쉬면서 오른손 손가락을 최대한 멀리 뻗어 이 상태를 5~10초 동안 유지한다.

3

오른손을 제자리로 돌린 다음 왼손도 아치를 만든다

숨을 들이마시면서 상체를 들어 천천히 원래의 상태로 돌아온다. 그런 다음 숨을 내쉬면서 오른손을 천천히 내린다. 처음 시작 자세로 돌아오면 이번에는 왼손으로도 아치 모양을 만든다. 여기까지 한 세트로 1~3회 반복한다.

> **주의!**
>
> ### 무리한 동작은 NG
>
> 아기의 손을 지나치게 위로 치켜들어 아기의 엉덩이가 바닥에서 떨어지지 않도록 한다. 반대로 아래쪽에 있는 손을 무리하게 돌리는 바람에 어깨가 아래쪽으로 떨어져서 몸이 틀어지지 않도록 주의한다.

아기 쭉~쭉 늘이기

1

오른쪽 쭉~쭉 늘이기

엄마는 다리를 넓게 벌리고 앉은 다음, 아기의 등을 엄마의 배에 밀착시켜 앉힌다. 엄마와 아기 모두 등을 곧게 펴고 앉는다. 엄마가 왼손으로 아기의 왼쪽 손목을 잡아 아기의 배 위에 놓는다. 오른손으로 아기의 오른쪽 손목을 잡아 천천히 머리 위쪽으로 길게 늘려 준다. 이때 왼손은 배 위에서 오른쪽 옆구리로 이동한다.

2

반대쪽도 쭉~쭉 늘이기

1번의 과정을 3~8초 정도 유지했다면 천천히 제자리로 돌아와서 반대쪽도 동일하게 실시한다. 왼쪽 손목을 잡고 머리 위쪽으로 길게 늘려 준다. 여기까지 한 세트로 1~3회 반복한다. 동작을 하는 동안 아기의 등을 통해 엄마의 복식호흡이 전해지도록 한다.

앉기 시작한 무렵부터 할 수 있는 동작 종합

각각의 동작을 완벽하게 익혔다면 이 가운데 몇 가지 동작을 연결해서 실시해 보자. 목을 가누기 시작한 무렵의 동작을 더하면 다양한 구성을 할 수 있을 것이다. 동작의 종류나 횟수는 아기의 기분이나 몸의 상태에 맞게 늘리거나 줄인다.

아침에 일어난 후 아침 체조로

캥거루
Kangaroo
22~23 쪽을 보세요

비틀며 데굴
Twister
44~45 쪽을 보세요

발을 빙글빙글
Circle
46 쪽을 보세요

낮의 활동 시간에

양발로 뻥!
Push My Hands
26~27 쪽을 보세요

데굴데굴
Rolling
47 쪽을 보세요

비행기처럼 슈웅~
Go Go Fly
36~37 쪽을 보세요

물구나무 서기
Head Down
51 쪽을 보세요

잠들기 전 잠을 부르는 체조

아기에게 뽀뽀를
Kiss You All

30〜31
쪽을
보세요

아주 아주 편안하게
Very Very Relax

38〜39
쪽을
보세요

아빠와 함께 힘차게

데굴데굴 김밥
Gimbap

52〜53
쪽을
보세요

그네처럼 흔들흔들
Swing

34〜35
쪽을
보세요

리프트&드롭
Lift & Drop

32〜33
쪽을
보세요

아기에게 뽀뽀를
Kiss You All

30〜31
쪽을
보세요

말을 시작한 무렵부터

아기들은 생후 9~10개월 정도 되면 말을 하기 시작한다. 호기심이 가득한 이 시기의 아기들은 활동성 있는 자세와 시야가 달라지는 자세를 좋아한다. 말을 시작하는 시기는 저마다 다르다. 아기가 혼자 앉을 수 있다면 여기에 소개된 자세를 한번 시도해 보자.

아기가 어깨로 설 수 있도록 한다

엄마는 다리를 벌리고 등을 곧게 펴서 앉는다. 이때 무릎이 구부러지지 않도록 주의한다. 아기를 다리 사이에 눕힌 다음 아기의 허벅지 뒤쪽을 잡고 아기의 엉덩이가 바닥에서 떨어질 정도까지 들어 올린다. 3초 정도 유지한 후 손에 힘을 빼서 아기의 엉덩이가 바닥에 툭 떨어지게 한다. 이 동작을 1~3회 반복한다.

말을 시작한 무렵부터 할 수 있는 동작

1

전신 운동에 도움되는
어깨로 서기
Shoulder Stand

효과

★ 아기의 전신 운동에 도움이 된다 ★

핵심

엄마도 호흡을 같이 한다

엄마도 아기의 움직임에 맞추어 호흡을 같이 해본다. 아기가 어깨로 일어설 때는 코로 크게 숨을 들이마셨다가 바닥으로 내려올 때는 코로 숨을 천천히 내쉰다.

근력을 강하게

2

엉덩이를 벌렁!

Over the Head

효과

★ 다기의 전신에 근력을 강화한다 ★
★ 배의 근력 발달을 촉진한다 ★
★ 장을 편안하게 한다 ★

1 아기를 천장을 바라보게 하여 눕힌다

엄마는 다리를 벌리고 등과 무릎을 펴서 앉는다. 아기를 다리 사이에 바르게 눕힌다. 이때 최대한 아기를 엄마의 몸 가까이 끌어당긴다.

응용 동작

이마에 콩!

아기의 발끝을 이마에 닿게 해본다. 처음에는 조금 힘들더라도 조금씩 발가락 끝이 이마에 가까워지도록 반복한다.

2 아기의 발끝을 머리 위까지 올린다

아기의 허벅지를 잡고 이마에 닿도록 다리를 들어 올린다. 이때 엉덩이는 바닥에서 떨어지도록 한다. 처음부터 너무 욕심 부리지 말고 아기의 상태를 관찰하면서 조금씩 다리를 올리도록 한다. 이 상태를 3초 정도 유지한 후 천천히 제자리로 돌아오게 한다. 이 동작을 1~3회 반복한다.

3

관절을 부드럽게

나비야 나비야 2

Butterfly 2

효과

★ 관절을 부드럽게 만들어
허리 근육을 강화한다

아기의 무릎이 바닥에 닿게 한다

엄마는 다리를 벌리고 등을 똑바로
펴서 앉는다. 아기를 다리 사이에
앉힌다. 엄마가 책상다리를 하고
앉은 다음 그 위에 아기를 앉혀도
좋다. 아기의 허벅지를 가볍게 주
물러 힘을 빼게 한 다음 아기의 발
바닥이 서로 만나게 한다. 다리를
들었다 내렸다 하며 나비처럼 움직
이게 한다.

효과

★ 아기의 배 근육을 강화한다 ★
★ 손의 잡는 힘을 키워 준다 ★

말을 시작한 무렵부터 할 수 있는 동작

4

손힘을 길러 주는
올라갔다 내려갔다
Seesaw

1 아기가 엄마의 손가락을 잡게 한다

엄마는 다리를 벌리고 등을 곧게 펴서 앉는다. 무릎을
펴고 아기를 바닥에 눕힌 후 아기에게 엄마의 검지를
잡게 한다. 아직 힘이 부족해 아기가 제대로 잡지 못하
면 엄마의 검지를 아기의 손바닥에 두고 나머지 손가락
으로 아기의 손을 잡는다.

핵심

아기를 너무 세게 끌어당기지 않는다!

엄마는 아기를 힘껏 끌어당기지 말고 아기가 일어날 수 있
도록 살짝 도와준다. 아기가 완전하게 일어나지 못해도 좋
다. 자신의 힘으로 일어날 수 있는 만큼이면 충분하다.

2 아기를 엄마 쪽으로 끌어당긴다

검지에 의식을 집중하면서 엄마의 팔을 끌어당겨 아기
가 일어날 수 있도록 돕는다. 그런 다음 팔을 늘려 아기
가 다시 바닥에 눕도록 한다. 아기가 갑자기 뒤로 넘어
가지 않도록 엄마가 강약을 조절한다.

5

상상력을 풍부하게

돌고래
Dolphin

★ 아기의 운동 능력을 키운다 ★
★ 아기의 상상력을 풍부하게 한다 ★

1 엄마의 다리 위에 아기를 옆으로 눕힌다

엄마는 등을 곧게 세우고 앉아 양쪽 다리를 가볍게 모은 후 무릎을 편다. 엄마의 허벅지에 아기를 옆으로 눕힌다. 아기의 등을 쓰다듬으며 "이제부터 돌고래가 될 거야～."라고 신호를 보낸다.

2 파도를 태운다

아기의 등과 다리 주변에 손을 대고(또는 겨드랑이를 잡아도 된다), 아기의 머리 쪽에 있는 무릎을 세우면서 "첨벙～."이라고 말한다. "파도 위로 돌고래 얼굴이 나왔다!"고 말해 준다.

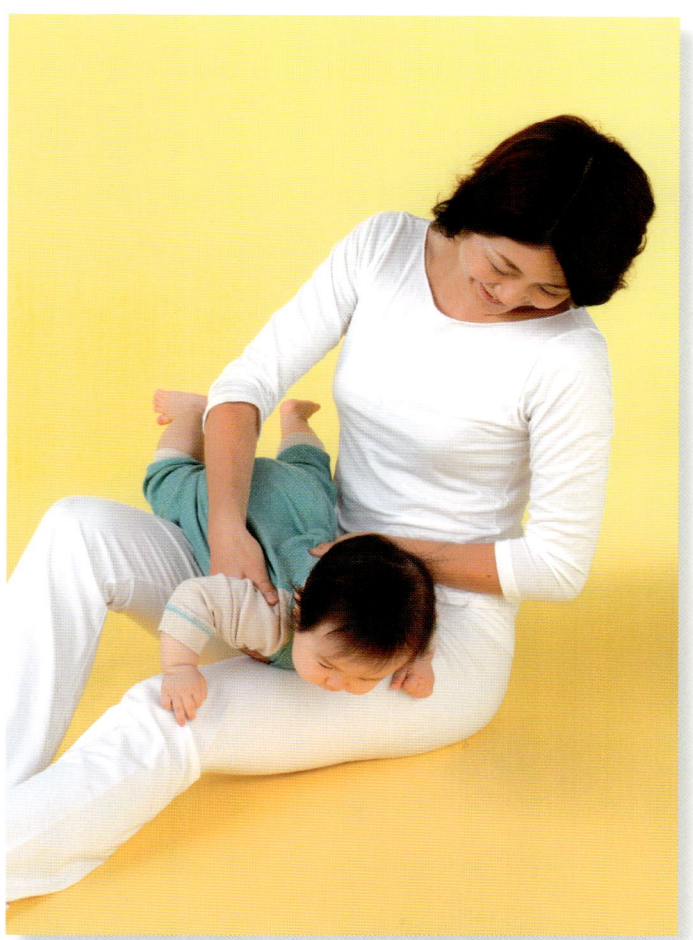

큰 파도에도 도전해 보자

아기가 좋아하면 속도를 빠르게 하면서 파도가 세졌다고 말하며 이 동작을 해보아도 좋다. 아기의 상태를 관찰하면서 강약을 조절한다.

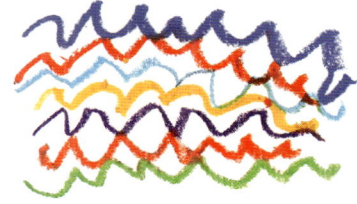

3 파도 아래로 들어간다

이번에는 아기의 다리 쪽에 있는 무릎을 세우면서 "첨벙~."이라고 말한다. "첨벙, 첨벙."이라고 말하며 엄마의 다리를 리듬감 있게 올리고 내리기를 반복한다. 아기 돌고래의 기분은 어떤지 물어본다.

6

근력을 길러 주는

멍멍이와 아기 코브라

Mama Dog
Mini Cobra
&

효과

★ 아기의 팔 힘과 등 근력을 키운다 ★
★ 엄마의 산후 몸매 관리에 효과적이다 ★

1

아기를 엎드리게 한 후 엄마가 멍멍이 자세를 취한다

아기를 엎드리게 한 후 엄마는 아기의 다리 쪽에 다리를 벌리고 선다. 숨을 내쉬면서, 몸이 둘로 접히는 모습을 상상하면서 허리를 앞으로 숙인다. 엄마의 손이 아기의 어깨 위치에서 바닥에 닿도록 한다.

2

아기의 상체를 젖혀서 코브라 자세를 만든다

아기의 견갑골 아래쪽에 엄지를 대어 어깨뼈를 부드럽게 잡아 아기의 상체를 젖힌다. 이 자세를 3초 정도 유지한 후 천천히 아기의 상체를 원래 상태로 되돌린다. 엄마도 천천히 숨을 들이마시면서 허리에 손을 대고 상체를 일으켜 세운다. 이 동작을 1~3회 반복한다.

응용 동작

아기 혼자서 코브라 자세를 만들 수 있다면

아기가 자신의 힘으로 상체를 들어 올릴 수 있다면 엄마는 아기의 머리 옆쪽 바닥에 손을 댄다. 꼬리뼈가 천장을 향하게 하여 깊은 호흡을 3~5회 들이쉬고 내쉰다. 숨을 내쉴 때 손바닥과 발꿈치로 바닥을 세게 밀어 준다.

앉을 무렵부터 할 수 있는 동작

7

균형 감각을 키우는
날아라 그네
Super Swing

효과

★ 아기의 전신 운동에 도움이 된다 ★
★ 균형 감각을 키운다 ★
★ 출산 후 흐트러진 엄마의 몸매 관리에 효과적이다 ★

1

아기를 안고 몸을 앞으로 숙인다

아기가 정면을 향하도록 안는다(32
쪽 '리프트&드롭'의 시작 자세). 엄
마는 상체를 조금 앞으로 숙이고 아
기를 단단하게 지지한 상태에서 팔을
아래쪽으로 내린다.

2

크게 흔들흔들

아이를 앞뒤로 크게 흔든다. 엄마의 허리에 부담이 가는 듯하면 무릎을 살짝 굽힌다. 3~5회 반복한다. 목을 가누기 시작한 무렵의 '그네처럼 흔들흔들(34~35쪽)'보다 강도를 세게, 각도를 크게 한다.

응용 동작

좌우로도 시도하고, 회전도 해보자
아기가 이 자세에 익숙해져서 좋아하면 이번에는 좌우로도 흔들어 보자. 그런 다음 오른쪽과 왼쪽으로 회전해 본다. 단, 엄마의 허리에 무리가 가지 않도록 주의한다.

71

말을 시작한 무렵부터 할 수 있는 동작 종합

각각의 동작을 완벽하게 익혔다면 이 가운데 몇 가지 동작을 연결해서 실시해 보자. 목을 가누기 시작한 무렵의 동작과 앉기 시작한 무렵의 동작까지 더해 다양하게 구성해 본다. 이 책에서 소개한 구성 외에 아기가 좋아하는 자세만 연결하는 등 자신만의 독자적인 프로그램을 만들어도 좋다.

아침에 일어난 후 아침 체조로

캥거루
Kangaroo

22~23
쪽을
보세요

⬇

비틀며 데굴
Twister

44~45
쪽을
보세요

⬇

발을 빙글빙글
Circle

46
쪽을
보세요

낮의 활동 시간에

양발로 뻥!
Push My Hands

26~27
쪽을
보세요

⬇

비행기처럼 슈웅~
Go Go Fly

36~37
쪽을
보세요

⬇

돌고래
Dolphin

66~67
쪽을
보세요

⬇

멍멍이와 아기 코브라
Mama Dog & Mini Cobra

68~69
쪽을
보세요

잠들기 전 잠을 부르는 체조

데굴데굴
Rolling

47
쪽을
보세요

⬇

아기에게 뽀뽀를
Kiss You All

30~31
쪽을
보세요

⬇

아주 아주 편안하게
Very Very Relax

38~39
쪽을
보세요

아빠와 함께 힘차게

리프트&드롭
Lift & Drop

32~33
쪽을
보세요

⬇

데굴데굴 김밥
Gimbap

52~53
쪽을
보세요

⬇

날아라 그네
Super Swing

70~71
쪽을
보세요

⬇

아기에게 뽀뽀를
Kiss You All

30~31
쪽을
보세요

서기 시작한 무렵부터

만 1세 전후로 아기가 일어서기 시작하면 아기의 허리가 곧게 펴져서 안정감이 생기므로 여기서 소개하는 요가를 시작할 수 있게 된다. 이 시기가 되면 엄마를 따라서 아기 혼자서도 간단한 동작을 할 수 있게 된다. 아기가 어느새 자라 이렇게 귀여운 몸짓을 보여 주는지 감동하게 될 것이다.

서기 시작한 무렵부터 할 수 있는 동작

1

관찰력을 길러 주는
풍선 2
Balloon 2

42쪽을 참고하세요

효과

★ 아기에게 요가 호흡법을 익히게 한다 ★
★ 아기의 관찰력을 길러 준다 ★

1 엄마 따라 하기

아기와 마주 보고 서서 엄마가 "풍선을 만들자."라고 말하며 무릎을 굽히고 앉는다. 이때 손은 바닥에 내려놓는다. 코로 숨을 가득 들이마시면서 양손을 머리 위로 올린다. 엄마의 몸이 부풀어 오르는 모습을 보면 아기는 '이게 뭐지?'라고 의아해하면서도 같이 손을 들어 올리게 된다.

2 "휴우~." 하며 바람을 뺀다

발가락 끝으로 서서 다시 한 번 숨을 들이마
신 후에 "휴우~."라고 소리 내며 단숨에 숨
을 토해 낸다. 풍선에서 바람이 빠지듯 몸
을 최대한 작게 만든다. 아기도 엄마를 따라
몸을 작게 만들었는지 확인하고, 이 동작을
1~3회 반복한다.

핵심

아기가 따라 하지 않을 때는 손을
잡고 같이 동작을 한다

아기가 엄마를 흉내 내지 않을 때 엄마
는 무릎을 꿇고 앉아 아기와 눈을 맞추
며 마주 본다. "자, 이제 풍선을 만드는
거야."라고 말하며 아기의 양손을 머리
위로 올린다. 익숙해지면 엄마와 마주
보며 동작을 해본다.

서기 시작한 무렵부터 할 수 있는 동작

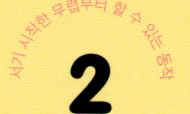

2

고관절을 유연하게

나비야 나비야 3

Butterfly 3

효과

★ 아기의 고관절을 유연하게 한다 ★

★ 아기의 관찰력을 길러 준다 ★

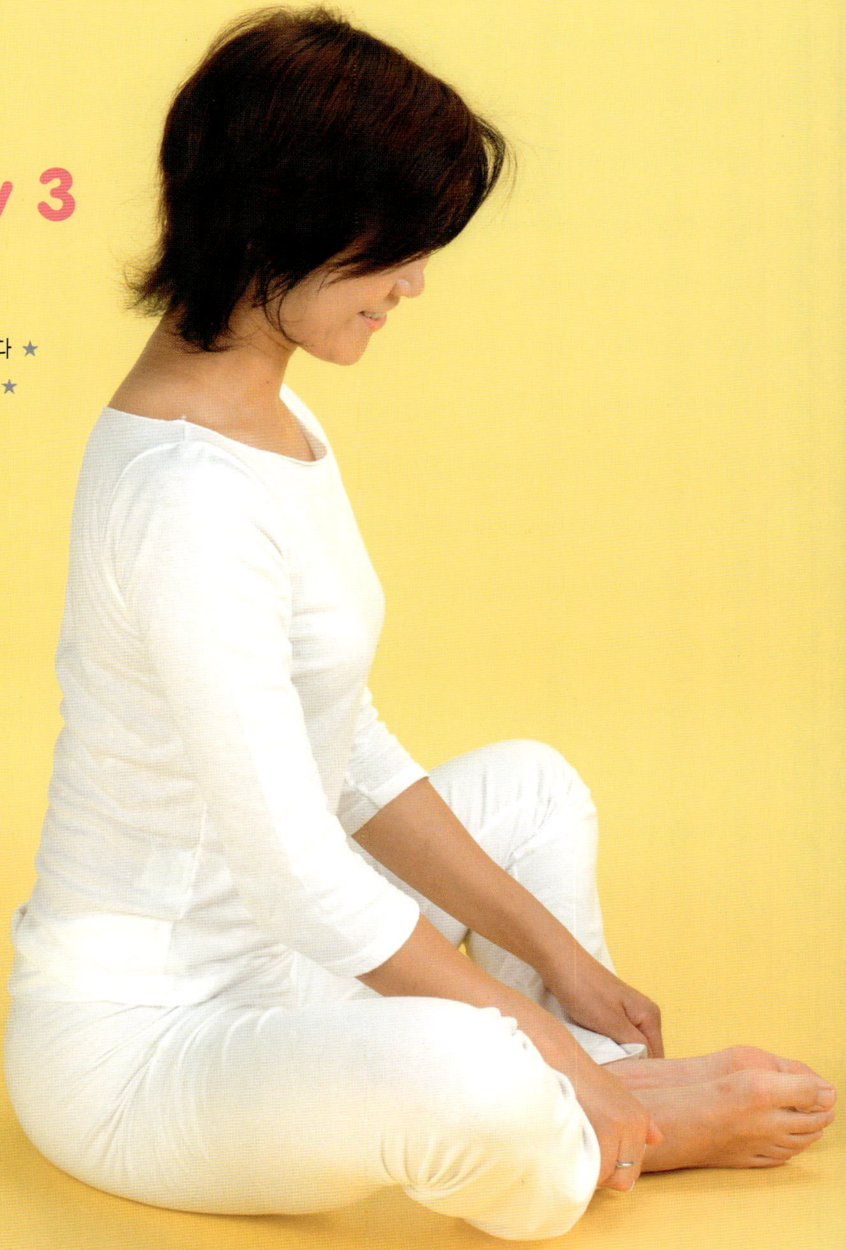

마주 보고 앉아서 무릎을 팔랑팔랑

엄마와 아기가 서로 마주 보고 앉는다. 이때 엄마의 등이 굽지 않도록 주의한다. 엄마는 발바닥이 서로 만나도록 하여 아기에게 보여 준다. "따라 해 보자."라고 말하며 아기도 해보도록 유도한다. 아기가 엄마의 동작을 따라 하면 '나비야 나비야' 등의 노래를 부르며 무릎을 아래위로 팔랑팔랑 움직인다.

핵심

아기가 잘 따라 하지 못할 때는 엄마와 함께 한다

아기가 동작을 잘 따라 하지 못하면 엄마가 다리를 벌리고 앉아 아기의 발을 잡고 발바닥을 마주 대준다. 아기가 이 동작에 익숙해지면 서로 마주 보고 앉아 엄마가 아기의 발을 잡고 동작을 유도한다.

3

균형 감각을 높여 주는

쪽~쪽 늘이기 2

Arch 2

★ 요가 호흡법을 익힌다 ★
★ 하체를 단련하여 균형감을 길러 준다 ★

엄마가 시범을 보인 후 아기가 따라 하도록 유도한다

엄마는 다리를 벌린 다음 등과 무릎을 곧게 펴서 앉는다. 아기와 마주 보며 다리 사이에 아기를 세운다. 엄마는 왼손으로 아기의 오른쪽 손목을 잡고, 오른손으로 아기의 왼쪽 손목을 잡는다. 아기의 오른손을 머리 위로 올리고 왼손은 몸의 중심에 가게 한다. 이때 아기의 몸이 틀어지지 않도록 주의하자! 천천히 제자리로 돌아온 후에 반대쪽도 동일한 방법으로 실시한다. 이것을 1~3회 반복한다.

먼저 엄마가 시범을 보인 후에 베이비 요가를 시작하세요.

58~59쪽도
참고하세요

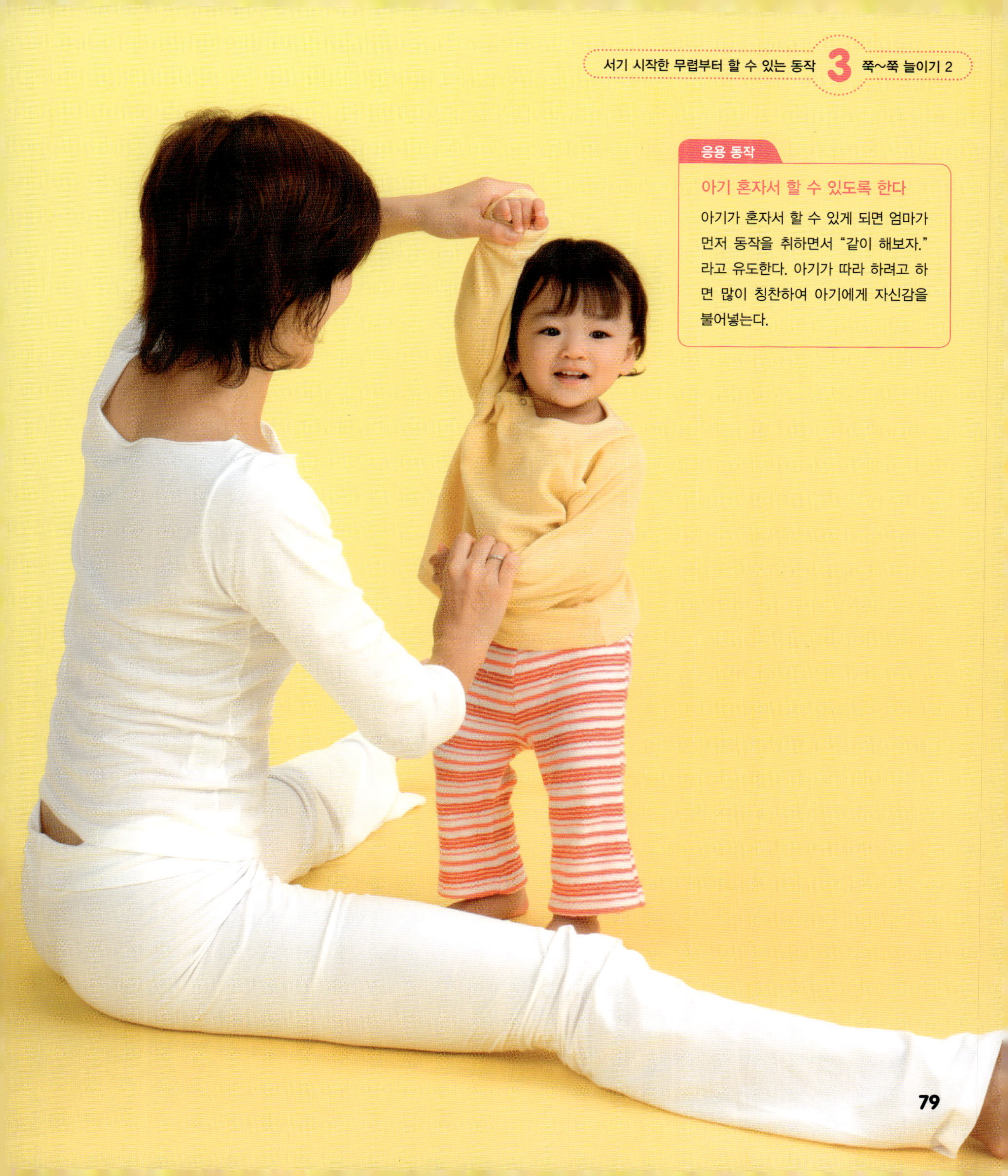

응용 동작

아기 혼자서 할 수 있도록 한다

아기가 혼자서 할 수 있게 되면 엄마가 먼저 동작을 취하면서 “같이 해보자.” 라고 유도한다. 아기가 따라 하려고 하면 많이 칭찬하여 아기에게 자신감을 불어넣는다.

서기 시작한 무렵부터 할 수 있는 동작 종합

각각의 동작을 완벽하게 익혔다면 이 가운데 몇 가지 동작을 연결해서 실시해 보자. 서기 시작한 무렵부터 요가를 시작한 아기도 목을 가누기 시작한 무렵의 동작과 앉기 시작한 무렵의 동작, 말을 시작한 무렵의 동작까지 거슬러 올라가서 시도해 보아도 좋다.

아침에 일어난 후 아침 체조로

캥거루
Kangaroo
22~23
쪽을
보세요

비틀며 데굴
Twister
44~45
쪽을
보세요

발을 빙글빙글
Circle
46
쪽을
보세요

낮의 활동 시간에

양발로 뻥!
Push My Hands
26~27
쪽을
보세요

비행기처럼 슈웅~
Go Go Fly
36~37
쪽을
보세요

물구나무 서기
Head Down
51
쪽을
보세요

돌고래
Dolphin
66~67
쪽을
보세요

멍멍이와 아기 코브라
Mama Dog & Mini Cobra
68~69
쪽을
보세요

잠들기 전 잠을 부르는 체조

데굴데굴
Rolling

47
쪽을
보세요

아기에게 뽀뽀를
Kiss You All

30~31
쪽을
보세요

아주 아주 편안하게
Very Very Relax

38~39
쪽을
보세요

아빠와 함께 힘차게

리프트&드롭
Lift & Drop

32~33
쪽을
보세요

데굴데굴 김밥
Gimbap

52~53
쪽을
보세요

날아라 그네
Super Swing

70~71
쪽을
보세요

아기에게 뽀뽀를
Kiss You All

30~31
쪽을
보세요

걷기 시작한 무렵부터

아장아장 걸음마를 뗄 때부터 넘어지지 않고 걸음을 걷게 되었을 즈음에 시작할 수 있는 동작이다. 엄마의 동작을 따라 할 수 있을 뿐 아니라, "이렇게 해 볼래?"라는 엄마의 말도 이해할 수 있으니 엄마와 다른 개별 동작을 할 수 있게 된다. 지금까지 배운 자세를 다양하게 조합하여 아기와 즐거운 시간을 보내자.

1

팔다리의 힘을 키우는

거북이
Turtle

효과

★ 아기의 팔다리 힘을 키워 준다 ★
★ 아기의 상상력을 풍부하게 한다 ★

거북이가 되어 보자

먼저 엄마가 엎드려 기는 자세를 취한다. "엄마는 거북이가 됐어. 이제 네가 아기 거북이가 되어 볼래?"라고 아기에게 말한다. 거북이 자세가 완성되면 "엄마가 터널이 되었네~."라고 말하여 아기가 그 밑으로 통과하게 한다.

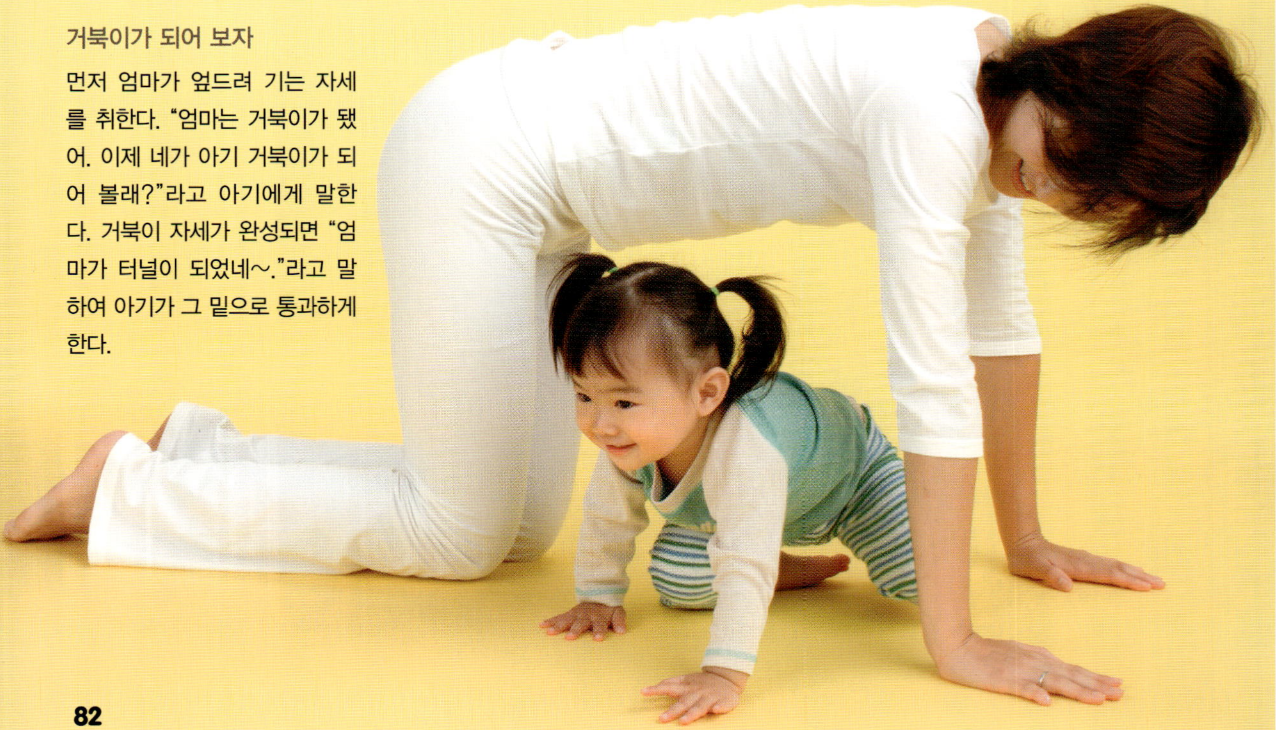

걷기 시작한 무렵부터 할 수 있는 동작

2
균형 감각과 순발력이 좋아지는
점프점프!
Jump

효과

★ 아기의 균형 감각을 키운다 ★
★ 아기의 순발력을 키운다 ★
★ 엄마의 산후 몸매 관리에 효과적이다

엄마가 점프한 후에 아기도 따라 한다
먼저 엄마가 시범을 보인다. "점프! 점프!"라고 말하며 아기의 옆에서 여러 번 점프하는 모습을 보여 준다. 그런 다음 아기의 뒤에 서서 아기의 양쪽 겨드랑이에 손을 끼고 가볍게 아래위로 점프를 시킨다. 엄마와 마주 보며 점프 동작을 해주어도 좋다. 익숙해지면 엄마와 나란히 서서 점프해 본다. 이 동작을 5~10회 반복한다.

핵심

엄마의 무릎에 무리가 가지 않도록 주의한다
엄마의 무릎에 무리가 가지 않도록 아기를 들어 올릴 때 가볍게 무릎을 살짝 굽힌 상태에서 점프를 해준다. 또는 무릎을 꿇고 앉은 상태로 이 동작을 실시해도 좋다.

3

걷기 시작한 무렵부터 할 수 있는 동작

균형 감각을 키우는

장군 자세
General

효과

★ 균형 감각을 키우고 운동 능력을 높인다 ★

1 엄마는 아기의 옆쪽에 무릎을 꿇고 앉는다

엄마는 무릎을 꿇고 앉아 아기를 엄마의 오른쪽에 세운다. 왼손을 아기의 배에 올리고, 오른손으로 아기의 오른쪽 발목을 가볍게 잡는다!

2 아기의 오른발을 올려 한 발로 서게 한다

아기의 오른발을 뒤쪽으로 들어 올리고 상체를 조금 앞으로 숙인다. 이 상태를 5초 동안 유지한다. "장군처럼 멋있게 보이네." 하며 칭찬해 준다. 아기의 오른발을 천천히 아래로 내려놓는다.

균형을 유지한다

처음에는 아기가 균형을 잘 잡지 못한다. 아기 몸의 축이 좌우로 흔들리지 않도록 상체를 숙일 때 엄마가 아기의 가슴이나 겨드랑이를 단단하게 받쳐서 균형을 잡아 준다.

3 반대쪽도 동일한 방법으로 실시한다

아기를 엄마의 왼쪽에 세운다. 엄마의 오른손을 아기의 가슴 혹은 배에 대고 왼손으로 왼쪽 발목을 잡아 장군처럼 자세를 취하게 한다. 마찬가지로 이 자세를 5초 동안 유지한다. 1번에서 3번까지 1~3회 반복한다.

걷기 시작한 무렵부터 할 수 있는 동작

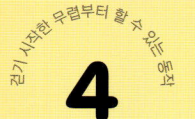

4

하체 근육이 튼튼해지는

나무 자세

Tree

효과

★ 하체의 근육을 강화하여 균형 감각을 키워 준다 ★

★ 아기의 상상력을 풍부하게 한다 ★

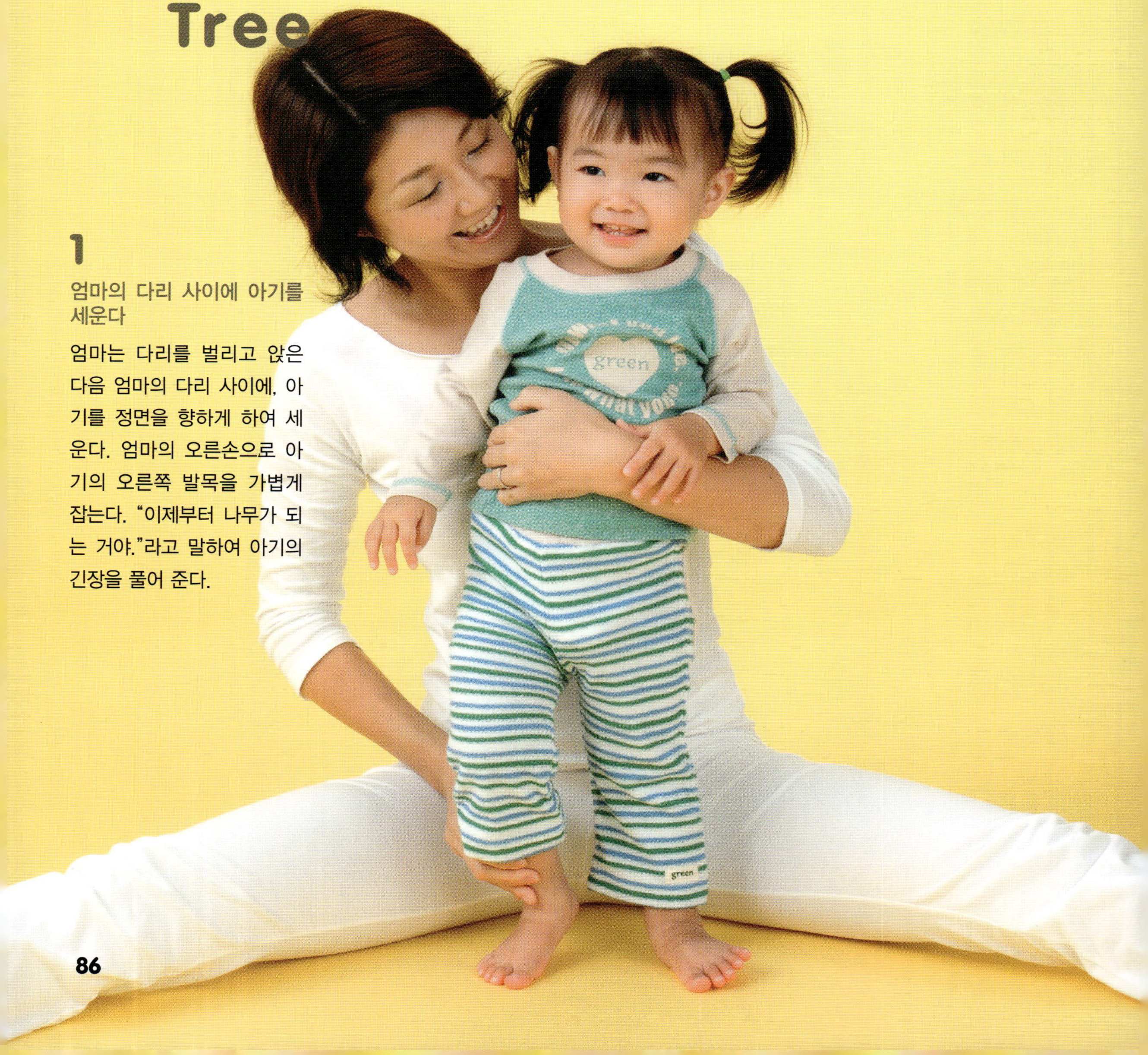

1

엄마의 다리 사이에 아기를 세운다

엄마는 다리를 벌리고 앉은 다음 엄마의 다리 사이에, 아기를 정면을 향하게 하여 세운다. 엄마의 오른손으로 아기의 오른쪽 발목을 가볍게 잡는다. "이제부터 나무가 되는 거야."라고 말하여 아기의 긴장을 풀어 준다.

2 아기가 한쪽 발로 서게 한다

엄마는 아기의 오른쪽 발목을 잡고 아기의 발바닥이 반대쪽 허벅지 안쪽에 오게 한다. 미리 아기의 무게중심을 왼쪽으로 옮겨 두면 다리가 쉽게 올라간다. "양손을 머리 위에서 모아 보자!"라고 말하여 이 자세를 5초 정도 유지하게 한 후 천천히 제자리로 돌아오게 한다. 반대쪽도 동일하게 실시한다. 이 동작을 1~3회 반복한다.

응용 동작

혼자서 나무를 만들어 보자

엄마의 도움으로 나무 자세에 익숙해졌다면 이제 엄마와 서로 마주 보며 아기가 혼자서 자세를 완성할 수 있도록 한다. 동작을 하는 내내 복식호흡 하는 것을 잊지 말자.

걷기 시작한 무렵부터 할 수 있는 동작 종합

각각의 동작을 완벽하게 익혔다면 이 가운데 몇 가지 동작을 연결해서 실시해 보자. 이 시기가 되면 아기에게도 요가는 생활의 일부가 되었을 것이다. 앞으로도 아기와 가족의 유대감을 돈독히 할 수 있는 습관으로 자리 잡을 수 있도록 꾸준히 지속하자.

아침에 일어난 후 아침 체조로

캥거루 Kangaroo
22~23
쪽을
보세요

비틀며 데굴 Twister
44~45
쪽을
보세요

발을 빙글빙글 Circle
46
쪽을
보세요

낮의 활동 시간에

양발로 뻥! Push My Hands
26~27
쪽을
보세요

비행기처럼 슈웅~ Go Go Fly
36~37
쪽을
보세요

물구나무 서기 Head Down
51
쪽을
보세요

돌고래 Dolphin
66~67
쪽을
보세요

멍멍이와 아기 코브라 Mama Dog & Mini Cobra
68~69
쪽을
보세요

나무 자세 Tree
86~87
쪽을
보세요

88

잠들기 전 잠을 부르는 체조

데굴데굴
Rolling
47
쪽을
보세요

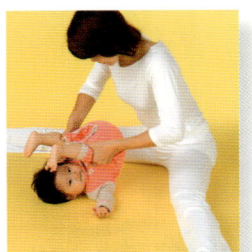

엉덩이를 벌렁!
Over the Head
63
쪽을
보세요

아기에게 뽀뽀를
Kiss You All
30~31
쪽을
보세요

아주 아주 편안하게
Very Very Relax
38~39
쪽을
보세요

아빠와 함께 힘차게

리프트&드롭
Lift & Drop
32~33
쪽을
보세요

날아라 그네
Super Swing
70~71
쪽을
보세요

데굴데굴 김밥
Gimbap
52~53
쪽을
보세요

점프점프!
Jump
83
쪽을
보세요

나무 자세
Tree
86~87
쪽을
보세요

아빠와 함께 해보자

아기와 함께 요가를 즐기는 행복한 시간을 엄마만 독점해서는 안 될 것이다. 아빠에게도 베이비 요가를 함께 할 수 있는 기회를 주자. '아기와 어떻게 놀아 줘야 할지 모르겠다.'고 고민하는 아빠들에게 강력하게 추천한다. 이 시간을 통해 아빠와 아기의 유대감도 깊어질 것이다.

아빠와 함께

1

운동력을 키워 주는
리프트＆드롭
Lift & Drop

효과

★ 아빠와 아기가 자연스럽게 스킨십을 할 수 있다 ★
★ 아기의 운동 능력을 높인다 ★

1

아기를 뒤에서 안고 일어선다

다리를 벌리고 선 자세에서 아기의 등이 아빠 가슴에 밀착되도록 하여 아기를 지탱한다. 한 손으로 아기의 엉덩이 아래쪽을 받치고, 다른 한 손으로는 아기의 가슴을 감싸 안는다. 아기를 단단하게 지탱했다면 아빠는 배가 가득해질 때까지 코로 숨을 들이마신다.

2

힘차게 앉았다 선다

코로 숨을 길고 깊게 내쉬면서 엉덩이를 바닥으로 떨어뜨리듯이 천천히 무릎을 굽히며 앉다가 재빨리 무릎을 펴며 일어선다. 이것을 4~8회 반복한다. 이때 무릎에 무리가 가지 않도록 주의한다.

아빠와 함께

2

균형 감각을 높여 주는
그네처럼 흔들흔들
Swing

효과

★ 아빠와 아기가 자연스럽게 스킨십을 할 수 있다 ★
★ 균형 감각을 익히고 운동 능력을 높인다 ★

앞뒤로 크게 흔들어 준다

왼쪽의 1번 동작처럼 선 상태에서 등을 늘이
며 앞으로 숙인다. 등이 바닥과 평행이 되도
록 숙인 다음 아기를 앞뒤로 흔든다. 아기가
좋아하면 좀 더 세게 흔들어 주자.

3

균형 감각과 운동력을 높여 주는

씽씽 그네
Super Swing

(효과)

★ 아빠와 아기가 자연스럽게 스킨십을 할 수 있다 ★
★ 균형 감각을 키우고 운동 능력을 높인다 ★

1 좌우로 흔들흔들

'그네처럼 흔들흔들(91쪽)'의 파워 업 버전이다. 아기를 앉은 상태에서 시계추처럼 좌우로 흔들어 준다. 아기가 좋아하면 아빠가 자신의 다리 폭보다 크게 아기를 흔들어 주어도 좋다. 허리에 무리가 가지 않도록 무릎을 살짝 굽혀 준다.

2 빙글빙글 돌려 준다

이번에는 크게 원을 그린다. 너무 세게 하면 아빠가 균형을 잃을 수도 있으니 무릎을 굽혀 무게중심을 아래쪽에 두고 이 동작을 하자. 아기가 좋아하면 시계 방향으로 돌리기, 반대 방향으로 돌리기 등을 시도해 본다.

4

허리를 튼튼하게
점프점프!
Jump

효과

★ 관절을 부드럽게 만들어
허리 근육을 강화한다
★ 균형 감각과 순발력을 키운다 ★

주의!

허리와 무릎이 약한 아빠라면?

허리를 어중간하게 숙이고 실시하는
동작이 힘들다면 무릎을 꿇고 앉아
서 해본다. 혹은 사진처럼 아기를 뒤
쪽에서 안아 올려 아기와 같은 방향
을 보면서 해도 좋다.

아빠와 눈을 맞추며 점프한다

아기와 서로 마주 보고 서서 아기의 양쪽 겨드랑이에 가볍
게 손을 끼워 아래위로 점프를 시킨다. 아기가 점프에 익
숙해진 다음에는 점프하려는 타이밍에 맞추어 아빠가 함
께 높이 점프를 해주면 아기가 아주 좋아한다. 여기에서
나아가 단숨에 아빠 머리까지 들어 올려 점프를 해주어도
좋다.

아빠와 함께

5

상상력을 키워 주는
거북이
Turtle

(효과)

★ 아빠와 아기가 자연스럽게 스킨십을 할 수 있다 ★
★ 아기의 상상력을 키워 준다 ★

아빠 밑으로 통과하기

아빠가 손과 발로 기는 자세를 취한다. 아기와 기어 다니다가 "아빠 터널을 통과해 볼래?"라고 말해 아기가 아빠 밑으로 통과하도록 유도한다. 아기가 겨드랑이 쪽으로 들어와서 아빠의 양팔이나 다리 사이를 통과하는 등 아빠의 큰 터널을 다양한 방향으로 자유롭게 돌아다니게 해준다.

95

Happy! Baby Yoga
by Yuko Sakurai

Copyright ⓒ 2007 by Yuko Sakurai
All rights reserved.
Original Japanese edition published by Shufunotomo Co., Ltd.
Korean translation rights ⓒ 2010 by Turning Point

Korean translation rights arranged with Shufunotomo Co., Ltd., Tokyo
through EntersKorea Co., Ltd., Seoul, Korea

이 책의 한국어판 저작권은 (주)엔터스코리아를 통한 일본의 Shufunotomo Co., Ltd.
와의 독점 계약으로 터닝포인트가 소유합니다.
신 저작권법에 의하여 한국 내에서 보호를 받는 저작물이므로 무단 전재와 무단 복제를 금합니다.

아기랑 엄마랑 사랑으로 함께하는
행복한 베이비 요가 DIY

2010년 4월 10일 초판 1쇄 인쇄
2010년 4월 15일 초판 1쇄 발행

지은이	사쿠라이 유코
옮긴이	김하경
편집	박효진, 조영혜
디자인 및 표지	공종욱
발행처	터닝포인트
발행인	정상석
주소	(121-839) 서울시 마포구 서교동 375-26 2층
대표 전화	(02)332-7646
팩스	(02)3142-7646
등록일자	2005년 2월 17일
ISBN	978-89-94158-12-9 13590
홈페이지	http://www.turningpoint.co.kr
	http://www.diytp.com

※ 본서의 내용에 궁금한 점이 있으면 http://www.diytp.com [무엇이든 물어보세요] 게시판에 문의해 주세요.
※ 원고 집필 문의 전자 우편: diamat@naver.com

파본이나 잘못된 책은 구입하신 서점에서 교환해 드립니다.

About
tip-toe bebe

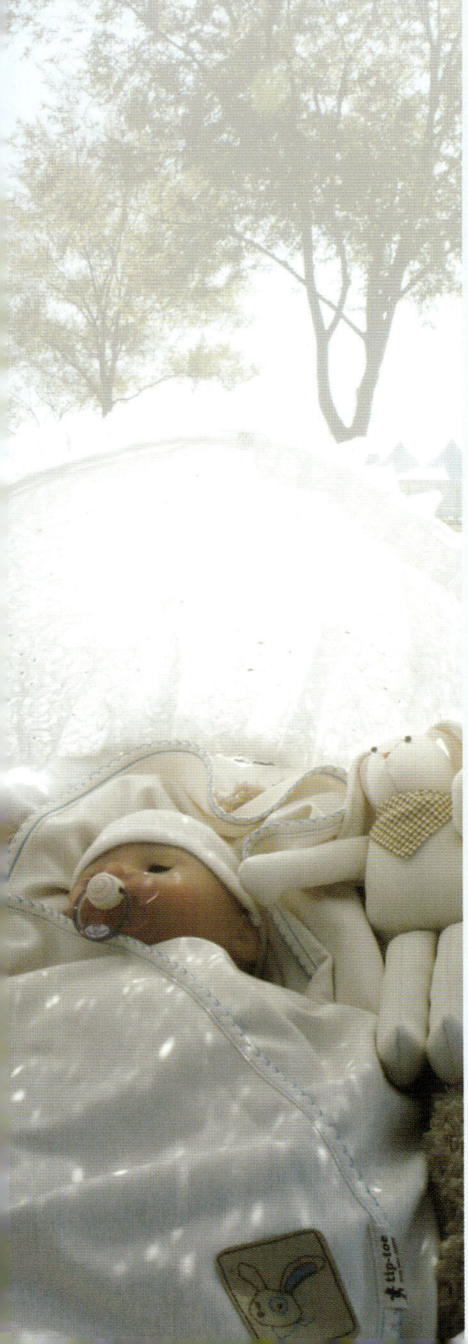

우리 아기를 위한
신중하고 건강한 선택 – "팁토베베"

tip-toe bebe 는 . . .

우리 아기가 기다림과 설레임으로 태어나 예쁘게 성장하는 동안
아이들의 건강한 생활을 위해 **bamboo cotton, soy cotton,
100% cotton** 등의 친환경 소재를 사용한 출산용품, 목욕용품,
생활용품 등의 다양하고 특별한 제품을 소개하고 있습니다.

1. 모든 제품은 국내 제작됩니다.

팁토베베에서 소개되는 다양한 제품과 캐릭터는 팁토베베에서 많은
시간을 들여 직접 기획, 디자인하며 소개되는 모든 제품은 **made
in Korea**를 원칙으로 합니다.

2. 무형광 제품만을 선별하여 제작합니다.

기본 원단부터 라벨, 바이어스 등의 작은 부자재와 포장재에
이르기까지 모두 **무형광 제품**만을 사용하여 소중한 아기의 피부
건강을 지키고자 합니다.

3. 건강한 소재를 사용합니다.

친환경 소재에 대해 지속적으로 관심을 가지고 우리 아기들에게
안심하고 사용할 수 있는 **건강한 제품**을 소개합니다.

tip-toe bebe
cause bébé sleeping
www.tiptoebebe.com

팁토베베는-
엄마와 아기를 위한 건강한 이름입니다.

Tip-toe bebe
for Mom and Baby

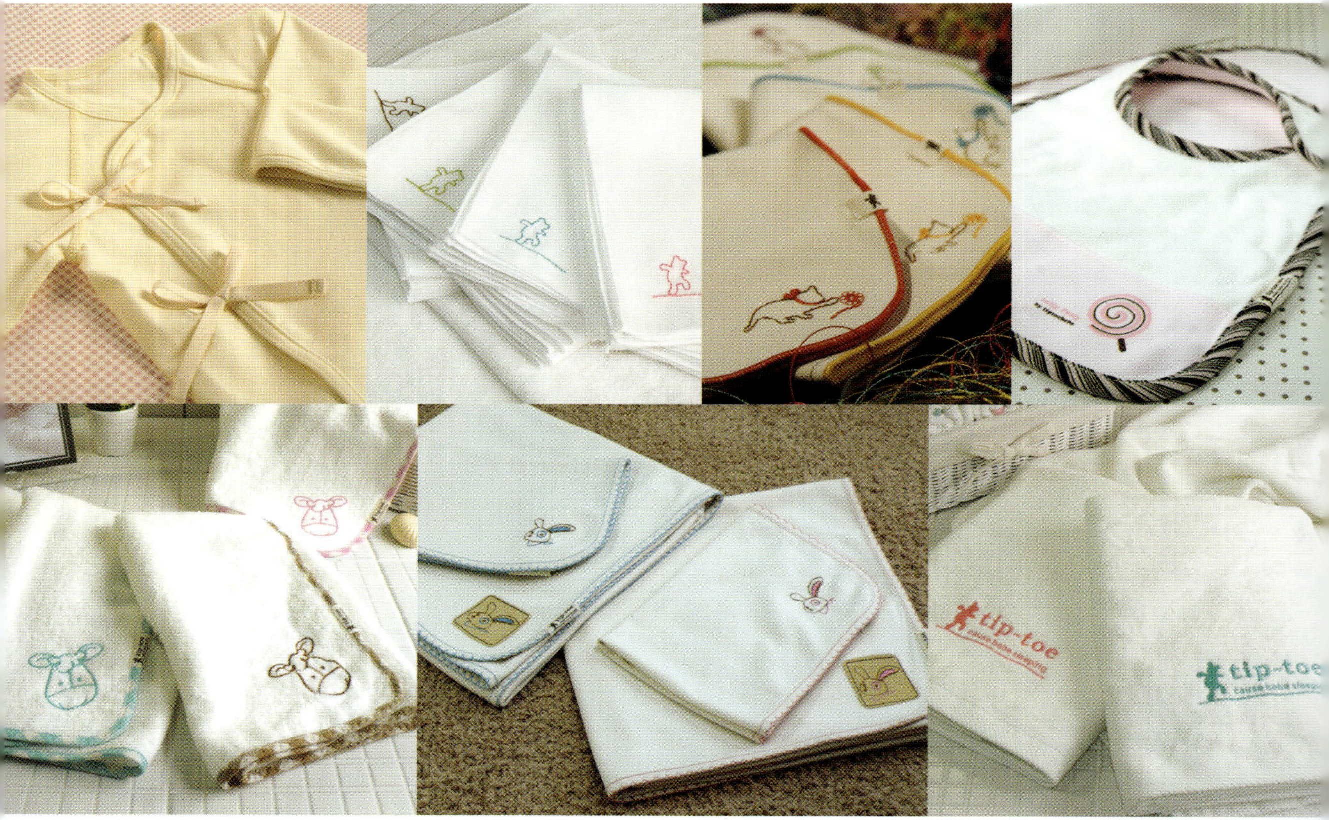

tip-toe bebe
cause bébé sleeping

www.tiptoebebe.com
Tel. 02)6402-8575
Fax. 02)332-8575

Kangaroo   Knees to Chest   Push My Hands

Cross   s & Stretch   Kiss You   All

Lift & Drop   Swing   Go Go Fly   Very Very

eba   x   Balloon   Twister   Circle

Rolling   Chou-eho   Bridge   Head Down

Norimaki   Mini Cobra   Kick Hip   Arch   Show

ba   er   Stand   Over the   Head

Seesaw   Dolphin   Mama Dog & Mini Cobra

S   uper   Swing   Chou-eho   Turtle

Jump   Busho   Tree   Super Swing

Kangaroo   Knees to Chest   Push My Hands

Cros s & Stretc h   Kiss You   All

Lift & Drop   Swing   Go Go Fly   Very Very

Rela x   Balloon   Twister   Circle

Rol ling   Chou-cho   Bridge   Head Down

Norimaki   Mini Cobra   Kick Hip   Arch   Sho

ba er   Stand   Over the   Head

Seesaw   Dolphin   Mama Dog & Mini Cobra

S uper   Swing   Chou-cho   Turtl

Jump Busho   Tree   Super Swin